钟表情缘

王剑 著

上海文化出版社

·目 录·
CONTENTS

王安坚文章集萃

媒体报道集锦

王家博物馆的部分钟表赏析

序一
守护时光的人

张坚

  上海，作为近代中西文明交融的窗口，有着收藏半壁江山之称。海派收藏以其兼容并蓄、开拓创新的特质，在中国收藏史上独树一帜。民间收藏的意义，不仅在于保存了大量珍贵的物质文化遗产，更在于它唤起了人们对传统文化的重新认知与热爱。

  20世纪80年代，改革开放的春风拂过神州大地，被压抑已久的民间收藏如雨后春笋般破土而出。传统文化在经历十年浩劫后满目疮痍，许多珍贵文物散落民间，传统技艺濒临失传，历史的文脉似乎随时可能中断。然而，正是在这一特殊的历史时期，民间收藏的力量悄然崛起，成为守护传统文化的中流砥柱。那些曾被视作"封资修"的老物件重新焕发光彩，深藏于市井的雅趣也再次叩响时代的心门。随着政策的松绑，民间收藏从地下走向地面，从个人爱好发展为社会风尚。无数收藏家以微薄的工资、有限的资源，奔走在旧货摊、寄售店之间，用一双双慧眼从历史的尘埃中捡拾珍宝。他们没有国家的经费支持，没有专业的团队协助，仅凭一腔热爱与执著，在时代的夹缝中为文化传承留下了一线生机。

  在这群守护时光的藏家中，王安坚先生是一座永恒的丰碑。

  他出身寒微，少年时从苏北乡间只身闯荡上海，在上海外滩码头理货员的岗位上谋生。然而，生活的艰辛从未磨灭他对美的追求。受画家颜文樑先生的影响，他迷上书画篆刻，又因机缘与钟表结缘。20世纪60年代，他节衣缩食，穿梭于"淮国旧"等旧货店，从残损的齿轮与锈蚀的发条中，窥见了时光的奥秘。那些被遗弃的古董钟表，在他手中重获新生，断裂的发条被自制铆钉接续，停摆的机芯经无数次调试再度嘀嗒作响。旁人眼中冰冷的机械，于他却是凝固的诗行。瑞士袖珍怀表的精巧、德国天文钟的奇妙、清代插屏钟的典雅，皆在他的"九钟楼"中娓娓诉说时光的故事。

1983年4月9日，王安坚先生做了一件石破天惊之事：他在小南门俞家弄9号的居所挂牌"王家钟表博物馆"，免费向公众开放。这是新中国首个民间家庭博物馆，也是海派收藏史上的一座里程碑。时任全国人大常委会副委员长周谷城先生挥毫题赠"钟表之家"，英国驻沪总领事携全家登门探访，故宫博物院专家与他切磋技艺……一方陋室，竟成连接中西、对话古今的文化驿站。更令人敬佩的是，王安坚先生从未将收藏局限于私人雅趣。他为上海电报局旧址楼钟考证历史，为南京博物院修复清宫遗珍，甚至顶着酷暑攀爬外滩高楼调研自鸣钟。他的收藏，是研究，是传承，更是一种以物载道的文化担当。

王安坚先生的品格，亦如他手中的钟表般纯粹坚韧。他住在烟火氤氲的小南门，用旧军棉鞋为儿女御寒，却甘愿变卖结婚时的呢大衣换回一只美华利插屏钟；他身为政协委员，却常年穿着工装，在亭子间里通宵修复钟表。对他而言，收藏不是炫耀的资本，而是生命的修行。正如书法家赵冷月所题"乐在其钟"，这四个字道尽了一位民间藏家最本真的快乐与执著。

文化需要守护，更需要传扬。2024年，上海市收藏协会首创"收藏读书节"，正是为了以书香滋养藏韵，让收藏文化从私人雅室走向公众视野。在这场盛会上，王安坚先生之子王剑先生携新作《笔缘——古董钢笔收藏赏析》亮相，书中流淌的不仅是对藏品的痴迷，更是两代人关于坚守与传承的对话。

犹记得去年读书节分享会上，许多读者抚卷感慨："钢笔收藏如此动人，钟表博物馆的故事岂不更应载入史册？"这番话，令王剑怦然心动。父亲离世三十五载，但那些关于钟表的记忆从未褪色：童年时父亲在台灯下拆洗齿轮的背影，父亲烈日下攀爬海关大楼考证钟机的坚定背影，还有"王家钟表博物馆"中络绎不绝的访客与赞叹……父亲生前常念叨要写一本钟表研究的专著，却因积劳成疾，带着遗憾离世。如今，王剑先生决心提笔完成父亲的夙愿。

《钟表情缘》的诞生，恰是收藏与阅读深度融合的结晶。书中既有父子两代人的温情回忆，更收录了王安坚先生生前文章、媒体报道、名家题词、馆藏图片等珍贵史料。从圆台面背后的隶书题字，到为修复钟表彻夜不眠的细节；从与吴少华会长的书信往来，到为故宫钟表馆破解疑难的王安坚，一位民间藏家的形象跃然纸上。这些文字，不仅是对一位父亲的追思，更是对一个时代的致敬。在那个物质匮乏却精神丰盈的年代，正是无数如王安坚先生般的普通人，用热爱与坚持，构筑起中华文明的民间基因库。

合上书稿，窗外黄浦江的汽笛隐隐传来。恍惚间，我仿佛看见王安坚先生仍坐在九钟楼的亭子间里，戴着眼罩，手持游丝专用镊子，轻轻拨动游丝。他的身后，瑞士怀表嘀嗒轻吟，南京插屏钟叮咚作响，法国祖父钟的长摆悠然摇晃。这些声音，穿越四十载光阴，最终凝结成这本《钟表情缘》。

民间收藏的伟大，在于它让文明不再囿于庙堂之高，而是扎根于市井烟火。王安坚先生用一生证明：真正的收藏家，不是物件的占有者，而是时光的摆渡人。他们以物为舟，载着我们溯流而上，触摸历史的纹理，感知文化的体温。

此刻，我谨代表上海市收藏协会，向王安坚先生致敬，向所有默默守护文化根脉的民间藏家致敬。愿每一位翻开此书的读者，都能在钟表的"嘀嗒"声中，听见时光的回响，触摸文化的温度。

乙巳春于沪上

（作者系上海市收藏协会会长、刘海粟美术馆原馆长）

序二

汪涌豪

　　无论中国古代的圭表、日晷、滴漏和香钟，还是西方人发明制作的机械钟和电子钟，都记录着人对时间量度技术的探索。但感性地看，它们又无不寄托着人类对光阴与岁月的理解，凝蓄着人类对生命永恒不息的追求，以及与时俱进的愿望。所以其蕴含的历史信息是非常丰富的，不仅反映了不同历史时期科学技术所达到的水平，还具有很高的历史文化价值与艺术审美价值。

　　由于钟表最直接反映了人们的时间观念和时间感知方式，故对它的关注，具体到对各种西洋古董钟表的收藏与研究，就不仅仅是一种与时间的对话，更是对技术与工艺，乃至文化与艺术的致敬。近十多年来，个人游历世界各地，在欧洲许多博物馆颇见识了一些古董钟表，大英博物馆、卢浮宫和俄罗斯埃尔米塔什博物馆之外，还包括德国钟表博物馆、日内瓦百达翡丽博物馆及欧米茄博物馆、宝矶博物馆、格拉苏蒂钟表博物馆的珍藏，深感要想成为这方面的收藏家并非易事，与其说需有足够的财力，莫若说更需有丰富的历史知识和对西方文化的深刻理解。

　　与从《易经》开始，中国人对时间就有非常精深系统的认识一样，西人也从来有"俗的时间"与"圣的时间"的区分。"俗的时间"就一般人对时间的认知而言，它大抵笼统而模糊，只为因应日常生活之需而大致区分黎明、午间和黄昏，并不能也无意做到更加具体精确。但还有另一部分特殊人群，譬如隐修院中的修士和修女，需要在白天和夜晚的某个时间准时集合祷告，这就是所谓的"圣的时间"了。对这种时间的依循，导致了以砝码带动的机械钟在 13 世纪被发明制作出来。到 15 世纪中期，由于铁制发条的出现，使钟有了新的动力来源而缩小了形制。不久后，各种钟塔衍生出来，矗立在各个城市的中心或行会大厦楼顶。到 19 世纪末，在欧洲几乎已家家有之，富人更人人都有怀表。大约在 16 世纪初，来中国传教的利玛窦将两座自鸣钟进献给万历皇帝。此后三百年间，宫廷收藏钟表的热情一直未减，康熙曾作诗称其"昼夜循环胜刻漏，绸缪婉转报时全。阴阳不改衷肠性，万里遥来二百年"，并在一百多年间，有 4500 多只各式钟表被送进宫里，即承德避暑山庄也收藏了 300 余座。它们与天文仪一起，成为退朝后皇帝桌案上的雅玩。今天来看，则无疑是中西文明与文化交流的重要见证。

上海是近代中国中西文化与文明交流的大码头，直到 20 世纪五六十年代，几乎每隔两三条马路仍有一家旧货店，还有许多路边摊，其中就有专营各类古旧舶来品的，这使得它成为海派收藏的发祥地，当然也是古董钟表收藏的发祥地。作者的父亲王安坚先生受颜文樑老先生影响，自小喜欢收藏，以后渐渐冷兴趣聚焦于钟表，可谓一生心力结聚于此，并以一人之力创建了上海第一家个人钟表博物馆，诚无愧是此一专类收藏的杰出代表。作为儿子，本书作者亲见其父在那个匮乏年代节衣缩食，在"淮国旧""创新""卫星"和"协群"等寄售店多方觅宝，收藏了从瑞士派蒂克·菲力浦、英国史密斯到德国天文船钟的全过程，当然也有清代手工作坊制作的南京钟。它们在时间上横跨 18 世纪后期到 20 世纪初，形制则从不足一寸的瑞士袖珍怀表，到高达 2.5 米的法国祖父钟，及开足一次发条能连续走时四百天的德国座钟在在多有。由于年代久远，入手时各种残损，在没有洗表机、点油笔、去磁器和点焊机的情况下，硬是通过苦学钻研，经清洗、整修、加油、调试和保养等多道程序，将它们完整修复。有的发条断了，用自制的铆钉接上；有的齿牙断了，设法重新修补，使走时准确如新。至于矫正游丝、抛光表盘，更是常做的事。如此长日更深，戴着眼罩的他心静如水，屏气凝神，从拆下零件放在汽油缸浸泡开始，到用微型毛刷一遍遍地清洗晾干，再用柳条削尖和打磨夹板上的各个齿轮孔，最后按原样复位。当发条上足，"嘀嗒"声重新响起，经常窗外已晨光熹微……

就这样春秋代序，日复一日的摸索与修复，使他积累了丰富的经验。加上从年轻时就爱读《芥子园画谱》及黄宾虹的《古画微》，崇拜王羲之、赵孟頫和董其昌，对颜真卿、柳公权和郑板桥尤为喜爱，在程十发等老师的指导下习过画，又跟单晓天、来楚生、方去疾诸前辈学过篆刻，对书画的色彩、线条与透视、造型原则特别敏感，对作品的美丑与雅俗看一眼就能分辨出高下，这种上好的艺术修养使他的收藏品质得以不断提升，在行内声誉鹊起。

以后，应南京博物院宋伯胤副院长之邀，他曾为该院检修过一批珍贵的宫廷钟表，这些钟表大多是清宫遗物，是抗战时随文物南迁遗留在该博物院的。经他努力，停摆多年的"仙鹅跳舞钟""卷帘打铃钟"和"鸟鸣水发转花笼钟"等钟都得以修复。此外，他还登上楼顶，实地调查、考证过外滩海关大楼、四川路桥邮电大楼、华东政法大学韬奋楼等处大钟的生产地、制造时间、检修过程，以及其性能、结构和运转的情况，撰写出《上海建筑大楼大钟调查报告》交市政协文史委。又多次给故宫博物院钟表馆提供资料，使得那里的专家弄清了许多失修钟表的来龙去脉。至于接待各地博物院、博物馆的来访，与中国博物馆学会、中国科学院科学史研究所、中国计时仪器史学会、北京古观象台及上海钟表研究所的专家、技术人员更保持着密切的交流，与南通、苏州、河南等钟表公司的从业者也有很频繁的互动。

当然，上述专业人士及全国文博培训班的学员与政协港澳台委员之外，为其收藏吸引的更多是普通的老百姓和中外游客，他们都在他小小的工作空间、其实也是他的生活空间中留下了足迹。为此，他荣获了全国总工会的表彰，被评为全国职工读书自学活动积极分子，事迹则被收入《中国博物馆之最》，并由《人民日报》(海外版)、《人民画报》《中国日报》《解放日报》《新民晚报》及《旅游报》等多家媒体广泛报道，以致有美籍华人考古学者专程飞来上海，将自己多年珍藏的400多年前的日晷相赠。正如作者所说："父亲的修表之路，充满了神奇的力量，好像他生来就带来了修表的使命，不，是诠释时间的使命。"

再说回他的收藏空间，那个"王家钟表博物馆"，发端在作者的出生地南市区小南门老宅。20世纪五六十年代的小南门绝对是一个充满烟火气的地方。其时他们一家六口住在俞家弄九号，所以父亲为自己草创的这个博物馆起名为"九钟楼"，以后搬迁新居，地方大了些，所以就有了这个更为堂皇正式的名称。周谷城、刘海粟、赵冷月等前辈为示奖掖鼓励，均有墨宝题赠。1993年，名画家陈逸飞导演《海上旧梦》，外景钟表镜头就选在这个家庭博物馆完成。

当作者编撰本书的时候，幼时随父亲在狭窄居室里摆弄钟表的情形，一一浮现在他的眼前。时间就是这样，既是古老日晷上变换的光影，更是后来新起的各式钟表齿轮间咬合出的声响。在这种声光的合奏中，一段段连接着过去与现在的情感纽带的普通家庭的温馨回忆，渐渐落在了一行行带着温度的朴素的文字上，让人读后不惟了解了收藏家本人的生活，也体会到他孩子的成长，感受到时间的流逝与生命的厚重，这是多么值得记取的往事！

我与作者生长在同一片街区，读的是同一所小学，最重要的是，我们经历的是完全相同的生活，所以有着完全相同的回忆，并因这份回忆而又有永远难以改变的对某些过往的关注。感谢作者留下这份记录，满足了我关注，给了我一份极温暖的阅读体验。

是为序。

乙巳春于沪上巢云楼

（作者系中国文艺评论家协会副主席、复旦大学中文系教授）

序三
他为民间收藏树立一个坐标

吴少华

　　王剑先生的《钟表情缘》一书即将出版，这是他继去年《笔缘——古董钢笔收藏赏析》出版之后的又一新作，也是海派收藏家子女写父辈的第一本书，可喜可贺！

　　时光荏苒，42年前的金秋，也就是1983年的国庆节期间，我从报纸上获知在市中心的人民公园，正在举办一个钟表收藏展，于是我也挤进了观展的人流中。在那琳琅满目的古董钟表前，我认识了一位风度翩翩的钟表收藏家，他叫王安坚。如果我没记错的话，这是上海"文革"后首个民间收藏个人展。经过了十年浩劫后，那些被打入"封资修"行列的收藏，突然登堂入室亮相，其社会轰动的效应是我们今天难以想象的，因为收藏给人们带来的不仅仅是物质欣赏，更重要的是精神深处的一种满足。正是在这个展览上，我不仅成为这位收藏家的粉丝，同时也开启了我们之间亦师亦友的交往。

　　展览结束后，一个星期天的下午，我按照先生给的地址，来到了老北站后面永兴路上的一幢公房里。尽管那么多年过去了，但我至今依然记得，这幢新公房的601室的房门上镶着一块不大的铜牌，上面镌刻着"王家钟表博物馆"七个字，就是这七个字深深地吸引了我，因为这在当时是个破天荒的事。海派收藏，源远流长，在中国近现代史上有着举足轻重的影响。回首望去，上海滩的收藏家始终站在时代潮流的前沿，并为此赢得了中国收藏的半壁江山。现代国际收藏界公认的20世纪中国六大收藏家是庞来臣、吴湖帆、张大千、张葱玉、张伯驹、王季迁，其中除张伯驹是京派收藏家外，其余五人均为海派收藏家。当海派收藏再次崛起时，王安坚先生创办了钟表博物馆，他也成为一位时代的弄潮儿。

从此以后，我成了永兴路上"王家钟表博物馆"的座上客。作为一个后生，我面对的是一位儒雅的长者，当时先生已是一位公众人物，但一点没架子，他那平易近人的神态中，充满了智慧。这一点不仅从他的谈吐中能感受到，更能从他对收藏的研究与理念上体会到。他对每件藏品都有深入细致的解读，每一次拜访交谈中，我都能聆听到他的收藏心得。也就是认识先生一年后的 1984 年 11 月 16 日，我撰写的"钟表收藏家"在《深圳特区报》上发表，同年 12 月 29 日"钟表之家"一文又在《人民日报》上发表。到这位收藏家的家里采访，也是我不断学习与提高的机会，权威的《文物天地》杂志约我采访王安坚的文章，但要配彩色照片，要求较高，接连提供两次都没达到要求，第三次登门，我连说话的勇气都没有了。但这位收藏家却比前两次更热情，连他爱人、孩子都出来帮忙，拍完照，我已大汗淋漓。后来，文章发表了，先生看到杂志后微笑着对我说："看来干什么事都得有股拼劲。"这是数十年前的旧事了，是王剑先生的书稿，让我重启了记忆的闸门。

"文革"终结后，在党的十一届三中全会的东风吹拂下，海派收藏犹如雨后春笋，浩浩荡荡的收藏大军，将收藏的雅兴带到了千家万户，让寻常百姓家春意盎然。那些收藏的对象再也不仅仅是传统的书画古玩了，更有我们曾经拥有过的老物品，形形色色，千奇百怪。正是这些收藏活动，不仅丰富了我们的生活，更重要的是开启了我们普通大众守护精神家园的航程。在收藏飞入寻常百姓家的时候，上海滩涌现了一个灿若星辰的收藏群体，王安坚先生无疑是其中的杰出代表，他用毕生精力，为我们留下了一份守护与担当的记忆。虽说王安坚先生离开我们已经 35 年，但我们至今仍记住他，这是因为这位收藏家为我们的民间收藏，对立起了一个坐标。1983 年 4 月 9 日，他创办了一个家庭钟表博物馆，《解放日报》给予了报道。这就是中国最早的民间私立博物馆，原全国人大副委员长周谷城先生曾挥毫题书"钟表之家"，它被记录在《中国博物馆之最》一书中。

王安坚先生是如何树起这个坐标？王剑先生会在书中向我们娓娓道来。请君开卷。

谨以为序。

识于乙巳春分

（作者系上海市收藏协会创始会长、长三角收藏协会联盟前任主席）

前　言

　　往事如烟，四十二年前，即1983年4月9日,《解放日报》上有一篇记者陈发春、毕品富的报道:《三十年收集古稀钟表一百只　王安坚办起家庭博物馆》,报道的原文如下:

　　本报讯　上海长途汽车运输公司干部王安坚最近在家里办起的一个别开生面的家庭钟表博物馆,引起了有关方面人士的极大兴趣。

　　王安坚今年五十二岁,他从二十多岁开始收集钟表,花费了三十年心血,在业余时间用每月积蓄收存了各种中外古旧稀有钟表一百多只,同时还掌握了各种钟表的修理技能,使这些上百年的老古董钟表重新运转。走进他的家里,人们仿佛走进了一个钟表世界。他家里的玻璃橱里和墙上到处都摆满、挂满了由美国、英国、法国、德国、日本、瑞士以及我国清代时期的各种钟表。这些钟表大的高达二点五米,小的却不足一寸;走时长的达四百天,有一只最小的挂表也能走八天。这些钟表不但结构精巧,而且性能多样,能根据需要敲出各种叮咚悦耳的音乐,给人以美的享受。

　　王安坚对记者说,收存钟表是他平生的最大嗜好。他说:"由于这些钟表不易复制和仿造,不收集起来非常可惜。现在,我把自己收集来的钟表办成一个家庭钟表博物馆，不仅可以让更多的钟表爱好者一起来欣赏，而且，对今后我国钟表事业的发展，也将提供丰富的参考资料。"

报道中提到的王安坚先生就是我的先父。他离开我们已经三十五年了，一直感恩他遗传给我的收藏基因。

2024 年 5 月，我退休后写的第一本书《笔缘——古董钢笔收藏赏析》，由上海文化出版社出版，6 月应邀参加了首届上海收藏读书节活动。在读书节的发布会上，我作为新书作者代表，分享了自己写作《笔缘——古董钢笔收藏赏析》一书的点滴心得。8 月又应邀参加了 2024 年上海书展现场举办的新书分享会，得到了更多读者的关注与勉励。

在参加的几场《笔缘——古董钢笔收藏赏析》分享会上，有些朋友除了询问我钢笔的相关话题外，还问起王家钟表博物馆的情况，鼓励我写写本市第一个家庭博物馆——王家钟表博物馆。他们还说，你父亲和他的钟表博物馆应该有故事、有内容可写。

当年父亲把大半辈子心血都花在收藏与研究古董钟表上，创建了王家钟表博物馆。他收藏的世界各国古董钟表和计时器百余件，吸引了数以万计的中外游客前往参观。

父亲的一生既平凡，又不平凡，他从一位码头理货员，成为一名海派收藏家，其背后蕴藏着他的追求与奋斗。父亲生前曾任上海市第七届政协委员，中国博物馆学会会员，上海市职工收藏协会副会长，上海市交通运输局职工收藏协会会长，上海市收藏协会顾问。

王家钟表博物馆从筹备到开馆，包括后来接待各方参观者，本人是见证者，也是参与者。在父亲逝世三十五年后，我写下这本《钟表情缘》，对于我来说，即是一种责任，更是完成了父亲生前的遗愿。因为父亲生前就有过想写一本有关古董钟表收藏的书，可惜的是，他英年早逝，留下了这个遗憾。

1987年1月4日,几经筹备,上海收藏欣赏联谊会在本市格致中学正式成立。
图为上海收藏欣赏联谊会顾问陈宝定(左)、王安坚(中)、吴筹中(右)

记得那年父亲在对本市大楼自鸣钟进行调研,由于持续的高温天气,父亲经常是冒着盛夏酷暑登上大楼屋顶考查自鸣钟的结构等,终因积劳成疾,在1990年7月16日因脑溢血突发抢救无效而去世。

如今父亲离开我们已有三十五个春秋了,有时候我会在梦中看见他:领着我去看书画展或逛旧货店;我做他的助手帮拆洗钟表;带着我去参加上海收藏欣赏联谊会的筹备会议和成立大会……,这一幕幕就犹如昨天。

作为子女,我无法忘记父亲点点滴滴的慈爱;作为社会,同样没有忘记父亲所作出的贡献。

1990年11月24日,《解放日报》上有一条新闻报道:上海一批读书自学先进集体和个人荣获全国总工会表彰,王安坚获得"全国职工读书自学活动积极分子"的光荣称号。

上海,这个中西文明交流的大码头,也是海派收藏的发祥地,钟表就是这种文明交流的载体。它最早是由意大利传教士利玛窦传入中国,上海的钟表行业在解放前供奉的祖世爷就是利玛窦。上海也成为我国民间收藏钟表的重镇。

《钟表情缘》以父亲的生命轨迹为经纬，展现了他从收藏古董钟表、研究古董钟表、创建王家钟表博物馆的一个个故事。翻开书页，希望读者阅读到的不只是父亲这个个体的故事，更是一部以人物为载体的时代备忘录——在那钟表的悠扬声中，有着时空与光影交织的岁月回响。

父亲的故事不仅是个人记忆的存档，更是对改革开放以来上海收藏事业发展的一个侧面的记录。当我们驻足回望，那些被时间冲刷的细节，恰恰构成了历史最真实的肌理。

乙巳谷雨

我眼中的父亲

烟火气十足的小南门

俞家弄

瞭望塔是小南门的标识　　　　　　　　　　　　　　　　　　　　永泰街

父亲王安坚（1930—1990 年），1930 年出生于江苏阜宁县芦蒲乡前五村（又名：王油坊）的一个课读人家。我爷爷王秀朋（1894—1947 年），又名王友兰，是当地的一名教书匠，他开办私塾，在方圆一带有一定影响力。

地处苏北里下河区域的阜宁，是个颇具历史的县城，听祖辈讲，明朝时我祖上的家乡是在河南，后来迁徙到安徽，最后落脚在苏北阜宁。爷爷有五个子女，三子

王安坚在外滩码头上做理货员，不久参加了工会组织——上海码头工会外滩分会

1988 年王安坚刻他出生时的老家图

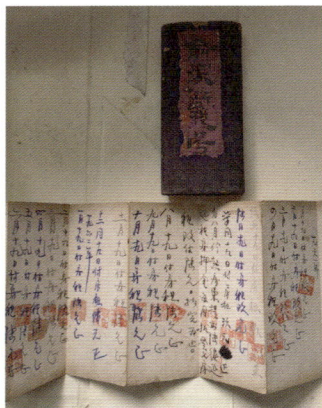

俞家弄九号租房付费凭证

二女，父亲排行老四。当年为了解决生计问题，父亲在他 14 岁时便早早地离开了家乡，独自一人来上海谋生。

小时候父亲在爷爷办的私塾里识字启蒙，念过《三字经》《百家姓》和《千字文》，后来到了上海，经同乡介绍，他的第一份工作是在上海的外滩码头上做一名理货员。后来，随着中华人民共和国的建立，他也从码头的理货员转入到陆上的交通汽车运输公司。

父亲的工作经历很平淡，先在交通运输公司的基层车队里任安全员，后来当上长途汽车运输公司客运站站长，他在汽车运输公司工作长达四十多年。

听母亲说过，她与父亲结婚时就住在南市俞家弄，这条小路不长，从中华路到光启南路，我家就住在靠近南市小南门 11 路环城车站旁边的九号，这是一幢典型的石库门房子。听母亲说我出生的医院就在不远处的斜桥的"红房子"产科医院。我在读小学、中学及上班工作初期，一直住在俞家弄九号，直到 20 世纪 80 年代后期才离开这里。

俞家弄九号，共住着 6 户人家，听母亲说当年他们结婚时就住在二楼的约 9 平方米的亭子间，它的上面是晒台，下面则是五家住户合用的灶披间。三楼住户范先

王安坚夫妇抱着长子王凯留影

作者的大姐王露在九钟楼
（王安坚摄影）

作者小时候与堂弟王可（左）俞家弄
九号三楼晒台上的合影（王安坚摄影）

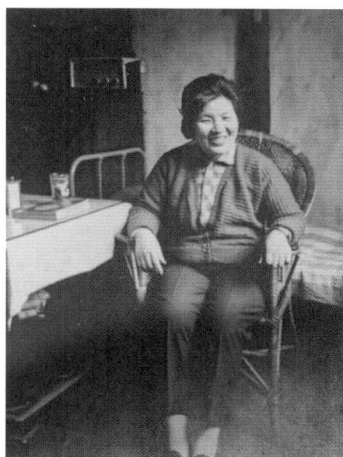

作者的母亲陈国芬在九钟楼
（王安坚摄影）

王安坚的母亲（二排右二）与家庭成员留影

生动手能力强，他在三楼走道上搭了一个披棚，就不用到底楼公用的灶披间烧饭做菜了。父亲也爱动脑筋，在自己亭子间里安装了一个陶瓷脸盆，又用脚踏车内胎稍作修改做成了脸盆的出水管，这样一来每天早晨家里人的刷牙洗脸，就不必跑到底楼公用龙头等候排队了。亭子间的水龙头因长期使用，会出现龙头螺丝口时不时滑牙导致漏水，父亲会用钣头拧开龙头，更换龙头里的"山楂式橡皮圈"，或直接

作者父母亲的结婚照

调换龙头。出水管用久了也会老化，出现裂缝漏水，劳碌的父亲便会及时更换。

那是个崇尚节俭的年代，我们兄弟姐妹间稍微有一点大手大脚的情况，父亲就会严肃地指责我们太浪费了。家里用的"留来香"牙膏用到末段时，他还会用牙刷柄在牙膏壳尾部来回刮挤出里面残剩的牙膏，这些被挤出的牙膏又可以刷三四次牙。吃剩的橘子皮和鸡胗皮晒干后会送到中药铺回收，这样也可以换取3-5分的零用钱。平时父亲连新鞋子都舍不得买，而是去旧货店里买旧的胶鞋和棉鞋。那时旧货店里有不少部队"退役"的旧军棉鞋，这种棉鞋里面衬着毡子，买回后用肥皂水轻轻洗刷，晒干后穿在脚上很暖和，价钱比新棉鞋便宜许多。记得我在上学时，父亲也曾在旧货店里给我买过一双旧军棉鞋，穿着它感觉保暖性与透气性很好。

母亲曾告诉我，她与父亲在这亭子间成家两年后，一天邻居大房东阿妈问我母亲，二楼有一间前楼空了，现在你们有了孩子，家里比以前拥挤了，是否要租这一间前楼？母亲立马答复说，谢谢关心照顾，我们要租这间前楼的。就这样父母省吃俭用、东拼西凑地支付着每个月的房租费。我们家从原先只有一间亭子间，到后来又增加了一间18平方米的前楼，住房条件改善了很多。前楼朝南，白天阳光充足，我们四个孩子喜欢在前楼学习阅读、做作业。晚上我们四个兄弟姐妹都睡在前楼，父母则继续睡在亭子间里。

小南门绝对是个烟火气很浓的地方，我家附近就有新华书店、泰山文具店，有乔家路小学和中华路第三小学，有南市少年宫，还有颇具特色的本帮饭店一家春。在中华路上有锋利刀剪店、大华日夜商店，有历史建筑瞭望塔、南市照相馆、五金商店、水果店、东风食堂、414毛巾厂、工商银行、中药店、一大祥布店、修车摊，还有邮局与电报房等。董家渡路上有酱油铺子、烟纸店、酒酿糕团店、大饼油条铺两家、箍桶铺、家具木器店、菜场、老虎灶，以及有着百年历史的丽水公共浴室。还有两家旧货商店和不少旧货郎摊（俗称挑天平担，旧货郎挑着担子，肩膀前后各挑一个箩筐，箩筐里有各式各样的旧货）。乔家路上有一棵百年银杏树，旁边有烟纸店、老虎灶、皮匠摊、公

作者兄妹在外滩留影（王安坚摄）

共厕所等。附近还有蓬莱电影院、南市少年游泳池，可谓商业网点齐全。当年我在乔家路小学读书时，课后还在少年宫里参加船模兴趣爱好小组活动。在王老师的带领下，我们制作各种船模，先后制作过黄浦江上游轮模型、"风庆"号万吨级远洋货轮模型等。在制作过程中还经常接待来自日本等多个国家的旅行团，让外国游客看看中国小学生的课余生活。没想到当年的课后兴趣爱好活动，为我以后协助父亲擦洗钟表增强了动手能力。

记得夏天我们拿着大号钢精锅排队去买西瓜瓤，吃下的瓜子会小心翼翼地洗净后放在竹箩里，拿到三楼晒台上晾干，等到晾干后炒好乘凉时嗑，这也成了夏天消暑的一道风景线。当年我家的家具就在附近的董家渡路"南华家具店"买的，有大床、大橱、五斗橱、方台、方凳等。现在家里至今还保存着父母结婚时的大床、方凳等家具，记得我在读小学时做作业基本上就是在那方凳子上完成的。

以前每到过年，上海的许多人家都会摆出圆台面，这一方面可以摆放更多的菜肴；另一方面也意味着一家人的团圆。我家有圆台面算是比较晚，是父亲去安徽出

王安坚的四个子女,从左往右依次为长子王凯,长女王露、
次女王虹、次子王剑(王安坚摄影)

差时买回来的。记得买回来的圆台面实际上是两个半块圆台面的毛坯,后请做木匠的邻居把这毛坯台面重新刨整,在两块半圆台中间装上铰链,台面周边还包裹上竹片沿条,再给台面涮上深红色的漆。就在上最后一道清漆之前,父亲突然来了灵感,拿出一支毛笔在圆台面的背面用隶书写上两行字:一年又一年,瑞雪兆丰年。简短几个字,却使这个大圆台面顿时增添了几分雅致。每到过年或家里来客人时,我们都会搬出这个圆台面,上面放着父母和大哥大姐做的各式菜肴。因为我家的圆台面大,而且是深红色,又写着吉祥字句,邻居们都喜欢在他们家来客人请客时,向我家借用这个圆台面。

穷人家的孩子早当家,我们兄弟姐妹四人,年龄相差都是两岁,平时父母做工上班,白天买菜做饭的任务就自然而然地交给了我们,先由大哥"当家",这个当家,就是买菜做饭等家务。后来大哥去了黄山茶林场务农,这"当家人"就轮到大姐,再后来大姐出嫁,这"当家人"就轮到了二姐……一茬接一茬,所以如今我们兄弟姐妹都善于处理家务,全是那时候跟着父母和奶奶学的。

记得当年母亲在厨房里做扬州狮子头、煮干丝、砂锅豆干红烧肉、炸猪排等菜肴时,一阵阵香味就会飘入邻居家的窗户,让他们羡慕不已。在母亲传授下,大姐、二姐也善做菜,那时父亲时不时会夸奖两位姐姐做的菜味道好,色香味俱全。尤其是大姐做的烤麸木耳、红烧鲫鱼等,他更是赞不绝口。

偶尔在节假日,父母亲会带上我们四个孩子去附近的蓬莱公园、外滩、人民公园等处游玩,父亲拿出他的 120 型相机给我们拍照留影。那时父亲买的胶卷大多是

1. 王安坚在俞家弄九号三楼阳台上的留影
2. 1980 年作者的母亲、大姐、二姐在俞家弄九号前楼合影（王安坚摄影）
3. 1979 年春节，作者与大哥在俞家弄九号三楼的阳台上合影（王安坚摄影）
4. 作者的大姐、二姐在外滩留影（王安坚摄影）

新光照相器材店的零星半卷装，价格比整装胶卷便宜许多，质量也不差。有一年遇上下大雪，父亲高兴地叫上我们四个孩子到三楼阳台上去堆"雪人"，并为我们抓拍留影，让我们的童年充满了欢乐。

大哥有点像父亲，动手能力强，他利用工余时间去蓬莱皮革市场选购沙发面料、弹簧、棕丝等，自己动手做了两只沙发。沙发看上去很挺括，一直放在"九钟楼"里。所谓"九钟楼"，就是当年我们住的俞家弄九号，父亲喜欢收藏钟表，给我

王安坚设计作者哥哥王凯
刻的"王家博物馆印"

作者母亲陈国芬在俞家弄九钟楼钟表馆的留影（王安坚摄影）

俞家弄九号前楼大姐与母亲在聊天（王安坚摄影）

们的家起了一个室名——九钟楼。大哥还自制了一盏落地台灯，放在沙发旁，晚饭后父母就喜欢坐在这沙发上读报看书。这个落地台灯为"九钟楼"增添了几分温暖，父母亲常常夸奖大哥的动手能力和自立能力。大哥可谓多才多艺，还会做衣服，当年他用了一个月的时间为我手工缝制了一件米黄色灯心绒的西服，我穿上这件西服后顿时感觉洋气了几分。记得父亲还经常辅导大哥学篆刻，大哥也很勤奋，空闲时间常去江阴路花鸟市场选购他篆刻的各种石料，回家后就在石料上不断地练习刻章，刻得不满意就在砂纸上磨掉，继续练习着刻。数年后大哥的篆刻水平有了很大提高，父亲在我面前常常夸奖大哥，还让我跟着大哥学篆刻。

父亲与我们子女无话不说，有一次，他与我聊起人名的话题。他说，名字是一个人的符号，蕴含一定的寓意。一个好的名字、叫得响的名字，可能对他本人的成长会产生微妙的影响。有些名字能给予他本人积极的心理暗示，会激励他朝着名字寓意的方向而努力。另外，名字也承载着一定的文化意义和社交功能，可能影响他人对你的第一印象和态度。父亲曾对我提起过，上海收藏欣赏联谊会的吴少华会长的名字，他说，"少华"这个名字起得好，又叫得响。他告诉我，吴少华曾在《解放日报》上的"无名者格言"栏目经常写一些格言，他的名字就比较容易让读者记住他……

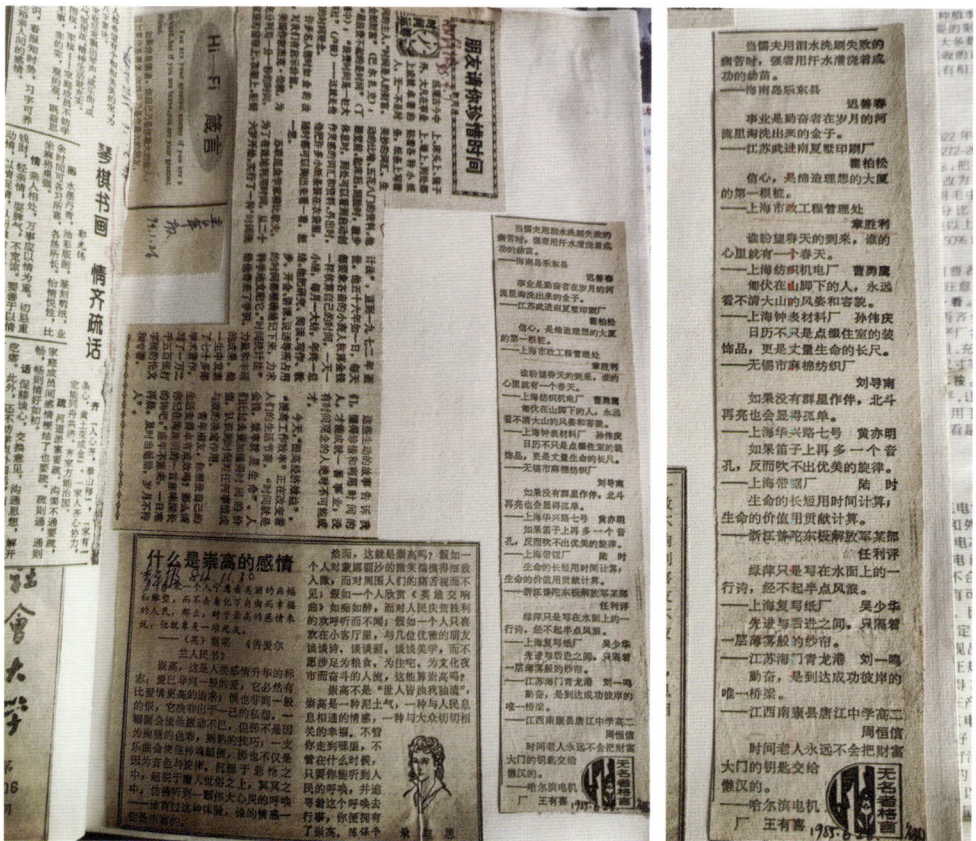

"无名者格言"剪报

1985 年 6 月 28 日《解放日报》
上刊出吴少华写的"无名者格言"

颜文樑引导父亲迷上书画

　　常听父亲说学习书画是他年轻时最大的梦想和爱好。在他那个年代，书画是不得了的艺术，画家与书法家广受尊重。父亲认为，颜文樑先生的油画画得真好，也因此成了颜先生忠实的粉丝，像追星族一样把颜文樑先生在报刊上发表的绘画作品收集后做成剪报。

　　颜文樑先生是我国近代老一辈著名油画家和美术教育家，早在五四运动之前，他即在苏州举办画赛会。他先后担任苏州美术专科学校校长、浙江美术学院顾问等。颜文樑的画风以细致凝炼和色彩明亮著称，工中有写，笔色间见深度，厚实而有韵味，形成了颜文樑绘画艺术的独特风格。颜文樑常说："我为快乐而画画，我

王安坚书画文房用品

画画快乐，把快乐给了别人，别人感到快乐，我自己就更快乐。"1928年颜文樑先生油画作品《厨房》，获得巴黎艺术沙龙荣誉奖。这幅作品的画面上有厨房间的五眼灶台、嵌在墙壁里的碗橱，还有两个小孩，房梁上还挂着竹篮子，地上有两只小老鼠在灵动地窜跑，画面惟妙惟肖。颜先生崇尚写实主义的绘画风格，善于将西方古典主义的造型与印象主义的色彩融为一体，其作品充满着对现实生活的观察和表现，展现出对艺术的独特理解和创造力。

我是从父亲的口中听到颜文樑的大名，再后来在上小学时，一次父亲领着我去青年宫看书画展，展览中就有颜先生的几幅油画，如《复兴公园》《人民大道》《祖国颂》等。印象中有一幅作品叫《肉店》，画面的货架上铁钩勾起一块块猪肉，画得写实传神极了。

在翻阅父亲《十年珍藏》(以书画为主的剪报本)时，在这本封面已泛黄的剪报本上父亲用毛笔写了一行文字：一九六六年原题："十年所得"，一九七七年重新装订加题"十年珍藏"，此十年与彼十年更为不易耳，一九七八年秋王安坚再题。剪报本里收集了1962年10月11日，颜文樑发表在《新民晚报》上的一篇文章，题目为"淘旧货之乐"。颜文樑先生在文中说道："除了作画教学以外，我也有一些说

王安坚铃刻的闲章

王安坚的绘画作品

王安坚的书法作品——"年年有余"

来平常的爱好。我把它当作休息和娱乐，有时候几乎也是工作的一部分。譬如在农村的茶馆里喝茶，窗外一眼碧绿，座中满是淳朴可亲的农民，气氛情调要比城市里最著名最讲究的茶室更可爱。还有在喝茶时无拘无束的闲谈中，可以观察和了解形形色色的人物性格和人物形象，这对于作画的人也是有帮助的。所以我从前不但爱在苏州和上海的村镇、闹市里喝茶，在国外也喝茶。在旅途中找到个茶馆坐下，更是休息中的隽品，可添无穷乐趣。但是在我的爱好里，似乎对淘旧货的兴趣更大一些。不论在苏州、上海或是在国外，每到一个地方，总是爱跑跑旧货摊、旧货店、旧货铺。我所淘的旧货，一种是罕见的有艺术性的东西；一种是有纪念性的东西；一种是有趣的、形状独特的，不认识的东西。我觉得淘旧货的乐趣在于：可以增长生活知识，引起有趣的回忆，发掘一样被人遗弃的东西，变无用为有用，实在是令人高兴的事情。旧货还有一个特点是，实际上东西非常好，可是价钱非常便宜，有时质量比新货还好，价钱可只有新货的十分之一二。比如有一次淘到一幅画在象牙上的小油画，画得很好，但是所花的钱，却只等于一包香烟的代价。最得意的一次，是在巴黎买到一幅油画，此画蒙尘已久，像英雄被埋没一样，无意中被我发现，真叫人乐不可支。我不会做别的运动，如果说走路是运动，那么，为了淘旧货，经常看看走走，不知不觉走了很多路，也达到了锻炼身体的目的。"

颜先生画画一丝不苟，对镜框的要求也丝毫不肯马虎。他说镜框配画，正如人穿衣服，要衣服衬人，而不是人去凑衣服。颜先生的许多油画镜框，都是从法国巴黎街头旧货摊上觅得，他的镜框不仅数量多，而且式样也丰富。其中有路易十四式、路易十五式，有文艺复兴式、歌德式等，如《静安》《苏州卧室》这两幅画用的就是路易十五式镜框。这些油画镜框造型各异，异国风情浓，配上颜先生的油画可谓相得益彰。

1979 年 8 月 5 日，父亲有幸受颜先生邀请去他的淮海路上的寓所观摩油画作品，零距离感受艺术大师的创作过程。父亲后来告诉我，颜先生非常热心地指导喜欢油画的年轻学生。颜先生还在父亲的《十年珍藏》剪报本封面上用自来水笔签上他自己的大名，并盖上一枚红红的印章。

父亲年轻时也曾学习画过不少油画，如《外滩风景》，一直被挂在我家的"九钟楼"里，后因搬家等原因，这幅油画也不知啥时候给弄丢了。父亲还

1989 年王安坚为日本友人创作的印章

喜欢写字，钢笔字、毛笔字都写得漂亮。当年父亲学书画，都是利用工余时间去南市区群众业余艺术国画创作班学习，授课老师中有来自上海中国画院的画师，如：程十发、朱梅邨、来楚生等名家。后来得益于众多老师的教学，父亲学会了美术创作。

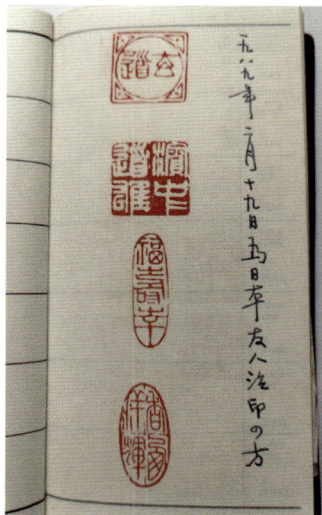

1951—1964 年间，父亲爱学习的劲头，可以说是如饥似渴，白天在码头上做理货员，晚上就报名参加文化补习班。他留下了许多"剪报本"，其中要数有关书画艺术和钟表的资料最多。由于长期对美学艺术的爱好，他对书画中的颜色、线条、透视、造型等都特别敏感，对美与丑、雅与俗，一看就能分辨出几分。在南市群众业余艺术国画创作班学习时，父亲有幸在程十发等老师的指导下，绘画水平明显提高。在交通行业工作

1964 年王安坚参加职工业余学校
学习的成绩单

当年王安坚赠给作者叔叔王林的绘画作品

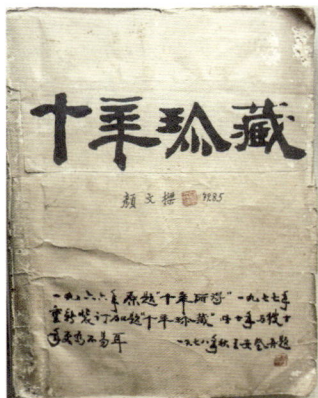

王安坚的书画剪报本

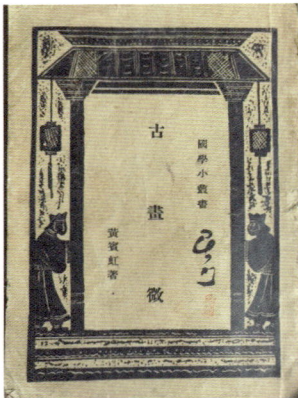

王安坚当年学习书画读过的书

的父亲根据实际生活感受，于 20 世纪 60 年代以交通运输行业为创作题材，创作了一幅新时代妇女成为公共汽车驾驶员的画，题为"这是妈妈开的巨龙"，1961 年 3 月 13 日的《新民晚报》对此画还作了宣传报道。这对于业余爱画画的父亲来讲，其激动的心情是可想而知的。

父亲还跟单晓天、来楚生、方去疾等前辈学过篆刻。工作之余，他边学边治印，刻过不少闲章，如：长乐、年年有鱼、吉祥如意、九钟楼等作品。1988 年 10 月，父亲还刻了一个内容为家的闲章，后又做成托片分别赠送给他的哥哥王坤和弟弟王林留作纪念。这枚闲章仿佛勾勒出一个当年父亲出生时的家，二进的院子后面生长着一片树林，牛在田里耕作，小桥上有人在过桥，河中有小船在摇啊摇……父亲记忆中的家被刻画得惟妙惟肖。(见 P24 图)

当年，父亲不仅自己爱学习，还鞭策我们要努力学习，他为我的一本专门收集钢笔信息的剪报本题写过"文房四宝"四字(见 P37 图)，如今我还经常翻阅这本剪报本，看到父亲当年的题签，一种思念之情油然而生。

1980 年，刘海粟先生欣然为父亲题写"文艺掇英"；书法家赵冷月先生为父亲题写"乐在其中";全国人大常委会原副委员长周谷城教授挥毫题写"钟表之家"。这些珍贵的题词，为父亲创办的钟表博物馆增添了无限的风采。

近日，收到湖州婶妈让堂妹发来的微信，把我父亲在35年前创作的一幅国画——兰花图，拍照后发给了我，要不是这张照片，我还真不知道当年父亲创作过兰花的题材。

父亲"兰花图"的画面上一丛兰花盛开，边上有一块石头，在石头的留白处是边款：林弟正之，八九元月。画上盖着二枚朱印：墨戏；王安坚印。简练质朴的笔墨，将含苞待放中散发着幽香的兰花画得惟妙惟肖。从时间上来看这是父亲59岁所创作的一幅国画，叔叔和婶妈当年把父亲这张画装配了镜框，一直挂在他们家的客厅里，足以见证他们的手足之情。

30多年前，我学着父亲的样子，按照自己喜欢的专题，分门别类将报刊上的文章做成剪报本，以便空闲时欣赏品读。我的这些剪报本封面标题，不少是父亲帮我题写的，如"古今中外""书巢""放眼世界""集邮天地""金石书画"

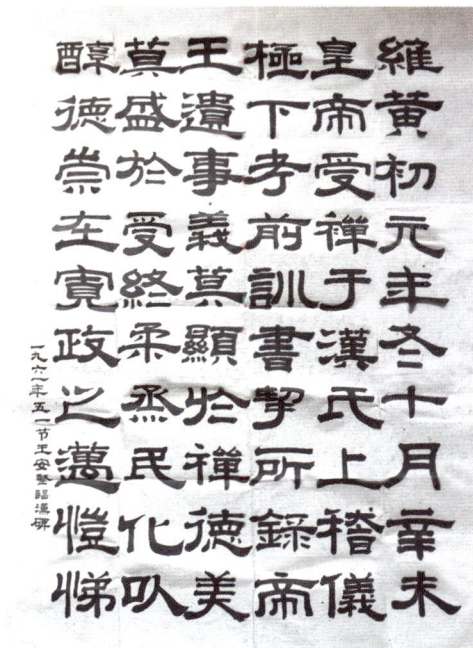

20世纪60年代初王安坚的书法作品

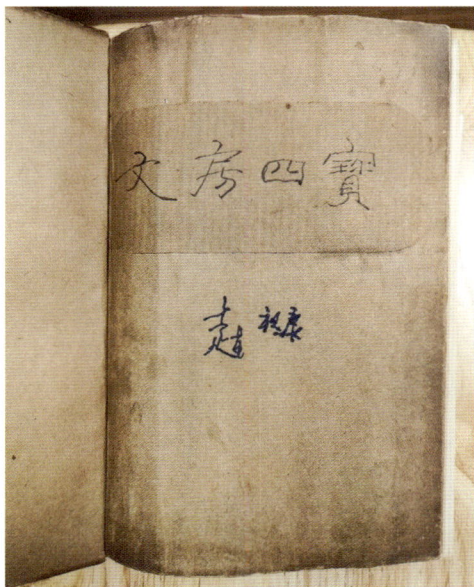

王安坚题写的"文房四宝"，上海市原副市长赵祖康先生晚年在王剑的剪报本上签名

等数十册。现在每当我翻阅这些剪报本，真是感慨万千，见字如见人，严慈的父亲形象便会浮现在眼前。

前些年在整理父亲的遗物时，发现了一幅他在 1961 年五一节临汉碑的一幅书法作品。父亲的隶书很有基本功，行笔布局颇有章法，观其字形，古朴厚重，端庄优雅。父亲工作之余喜欢读有关书画方面的书籍，如商务印书馆发行的黄宾虹《古画微》《芥子园画谱》等，记得我母亲娘家的一位长者亲戚非常认同父亲工作之余坚持学习书画的爱好，在一册《古画微》的扉页上为父亲写上一段勉励的题签："王安坚，少年英俊，工作之余，留心书画金石之学，亦常以画花鸟自娱，年来文化提高，工农子弟，亦多向学，此可喜也。此书能将各画家历史简单作一介绍，亦殊有益于后学。春雨绵绵，家居展读一遍，因并记之。湘潭唐芝轩。"（见附图）

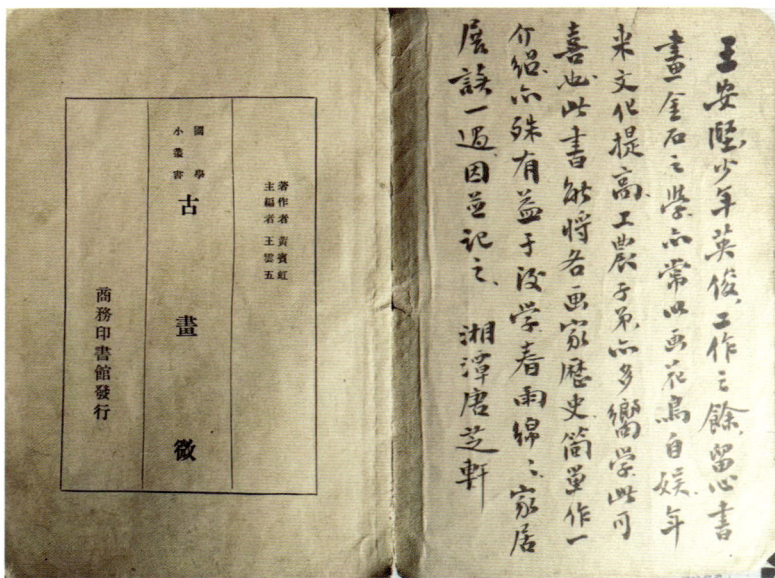

一位长者写给王安坚的赠言

38

父亲教我练写字

　　父亲 24 岁时经在交通汽修厂做财务的同事介绍（后来这位同事成了我的姨妈），认识了她的妹妹即我的母亲陈国芬，相识后第二年他们结婚了。在母亲 26 岁时迎来了他们第一个孩子，也就是我的大哥王凯，当年我母亲这一代人可谓积极响应国家提出的"做光荣妈妈，多生孩子"的号召，他们一共育有四个孩子，即二子二女，父母亲给四个孩子起的名均为单名，依次为：凯、露、虹、剑。我排行老四，生于 20 世纪 60 年代初，常听母亲说起，当年她怀上我正好是"三年自然灾害"时期，由于家里生活开销紧张，她与父亲悄悄商量后准备去产科医院把胎中的孩子给打掉，医生检查后说，现在打掉已经迟了，来不及了，便劝说我父母，你们回去准备迎接这个小生命吧。无奈之下，母亲拖着沉重的步伐回到了家，开始做起了准备。1961 年的初冬，我来到这个世界，父亲给我起名为"剑"，意思是我像一把剑，硬从母亲的肚皮里钻出来到这个世上。

　　不久，奶奶见父母白天要做工上班，还有四个孩子要照顾，实在是太累了，又听母亲说，曾有过想把我送人的想法。最终奶奶心疼我，就主动承担起护育我的责任。奶奶是一位从小就被缠裹过双足的传统老太太，年轻时做事很利索，当年在家乡奶奶还做过妇女委员会的主任，带领家乡妇女姐妹为在战斗中受伤的解放军战士做过包扎、换药及后勤保障等方面的工作。

　　中华人民共和国成立后，奶奶跟随她三个儿子轮流住在浙江湖州、上海两地，

照顾他们的日常生活。为了给我父母分忧，奶奶抱着只有六个月大的我去了湖州，那里有我的大伯、叔叔家。长大后，听奶奶说，那是一个仲夏的傍晚，在关桥码头上，开船前母亲让我喝足了最后一次奶。奶奶从母亲手中接过"蜡烛包"，抱着我乘小火轮船去了湖州。

奶奶后来告诉我，"蜡烛包"里的我夜里饿时就会闹哭，一哭肯定要影响船上的乘客，所以她就事先准备了一块奶糕。夜里当船行到半路时，她就取出那块奶糕，用船上公用茶桶里的开水冲泡奶糕，然后调好一勺一勺地喂我，我吃饱后就不闹了，在奶奶的怀里睡着了。第二天黎明，天蒙蒙亮时，随着一声长笛，船工迅速系紧缆绳，船在湖州南门的轮船码头靠岸了。乘客们手提行李，脚踩着跳板小心翼翼地走上码头。此时，大伯、叔叔已早早地在码头上迎候我们上岸。

我的幼童时代基本上是在湖州度过，那时我常在北门粮食机械厂附近玩耍，叔叔学校毕业就在这厂里做技术员，后来做了厂长。每次在玩时见粮食机械厂内高高的水塔一直在往外溢水，哗啦啦的流水声常常吸引着我走近水塔多看上一眼。厂内的翻砂车间工人们喜欢蹲着在翻样，轰隆隆的车床声使我不敢轻易靠近，只能在远处观望。记得有一次在同辈小伙伴们的怂恿声中，不知天高地厚的我爬上竹梯，在靠近粮食机械厂的一面墙上用红漆挥笔写了"向阳院"三个大字。向阳院可谓是当时的儿童乐园，也是我平生第一回写大字，让我风光了好多天。在北门码头，我时常见到有人拿着竹竿在钓鱼或搭起四角渔网捕鱼。每次有小火轮船经过潘公桥时，我不知不觉会放慢脚步驻足倾听那轮船上发出的鸣笛声。记得叔叔家养了一条狗，他们都叫它"阿金"。阿金很通人性，每到叔叔婶婶下班回家时，它会在门口守候，在老远处见到主人就会猛蹿过去，跟着主人一同回家，到了家门口更是围着主人一阵亲热。有时候放假时大伯和叔叔去山上打猎，总会带上阿金一同前往。阿金的眼睛特敏锐，是他们打猎时的好助手。后来我与阿金成了"好朋友"，这个堪称江南明珠的古城给我留下无数难忘的回忆。

我知道，是奶奶一把屎一把尿把我拉扯大的，对我的照顾更是无微不至。在那夏天的夜晚，我睡觉前，奶奶总是先在蚊帐里用一把蒲扇来回扇着驱赶蚊子；我睡上床，奶奶怕我热，又用蒲扇隔着蚊帐在我身上来回扑打，在一阵阵凉风中我进入了睡梦之中。记得奶奶去桥边的菜市场买菜，都会抱上或背着我一同去。等我稍微长大一点，奶奶还会带着我到河边看她洗菜，那时我觉得这河流和摇着橹的小船，以及供销社的机帆船特别好玩。北门轮船码头上总有熙熙攘攘的人群，印象中码头边上常见一对老夫妻在那里摆茶水摊，这一幕幕江南水乡的画面，让我记忆犹新。大伯、叔叔两家都住在北门轮船码头旁边，我的孩提岁月在湖州的北门轮船码头留下难以磨灭的记忆。

奶奶很能干，不仅会烧一桌可口的菜肴，还会做女红，她身上一年四季穿的衣服都是她自己做的，"三寸金莲"鞋子也是自己纳的，连衣服上那好看的"葡萄结纽扣"也都是自己编结的。孩提时代我穿的衣裤布鞋，都是奶奶一针一线缝制的，让我感到特别暖心。

每到冬季，奶奶还会自制山芋干。她先把山芋蒸熟后去皮，调成泥状在玻璃板上搨成饼并洒上芝麻，放在太阳下晒干后，在锅里炒热后给我们当零食。那股香气扑鼻的味道让我至今记得，如今再也吃不到这么好吃的山芋干了。到了快上学时，我才依依不舍地与奶奶告别，从湖州回上海读小学。

岁月如歌，但奶奶的形象

作者小时候坐在奶奶膝上在邻居家客厅的留影（王安坚摄影）

一直鲜活在我的脑海中。奶奶给我留下的印象是：精明能干，热情好客，一言一行慈悲为怀。虽说她离开我们已有三十六年，但我还会时不时在梦中见到她。

回到了上海，回到了父母的身旁，父亲就给了我特别"待遇"。他给我布置作业，每天需要写一页纸的字，起先用铅笔写，两三年后才用钢笔或毛笔写。早晨父亲上班前会交代当天写字的具体要求，晚上回家检查作业，他一边检查，一边会拿起一支红蓝相间的蜡笔，对写得端正的字会在字旁边划个圆圈，以示表扬；对书写得差的字就会耐心地指出没有写好的原因。有时候，我贪玩或漏写字，当天的晚饭就不可能上桌子一起吃饭，要等补写字的任务完成，才有资格上桌子吃饭。父亲很有心，对写的稍微像样的字，让我自己保存起来留着纪念。每当家里来了亲戚，父亲会在他们面前夸我几句写字有进步的话，并让我把写的字拿出来"显宝"。那时听到亲友对我的表扬，就有一种小小的成就感。

父亲是我人生的第一个老师，那时练的最多的就是一个"永"字，他说能把"永"字写好，其他的字基本上也就可以写好了。他说"永"字的笔画最全，要端端正正写好"永"字的每一笔画，可不是一件容易的事。他还告诉我，"好"字最难写，为什么？因为就像做人一样，做一个好人难，人一旦要学坏很容易。父亲就这样在教我练字与做人上慢慢地点拨着我。他还说，在写每一个字前，胸中先要有这个字的样子，尤其是这个字的笔画走势脑子里要非常清晰，然后下笔才会布局顺畅，这叫作胸有成竹，下笔如有神……

再后来，父亲给我零用钱，我就去隔壁的泰山文化用品商店买书法描红本，开始拿毛笔在描红本上写字了。摊开描红本前，我先要把砚台里的墨汁磨好，盛在砚池边待用，然后拿着毛笔蘸上墨汁，在描红本上一笔一划开始临摹练写毛笔字。有时在一旁的父亲还会时不时提醒，他说握笔手势一定要准确，手势不对，写不出好字；握笔既要有力，但也忌讳上死劲，死劲握笔写出来的字必然会僵硬。写毛笔字，手臂要悬空，做到手握笔后，指掌内应该是空心的，若手掌里放一个鸡蛋不会掉下，这样写出来的字其运笔才能自如……一笔下去即使写得不到位，也忌讳用笔来回补，补出来的字没有韵味，毛笔字变成了美术字。

在上小学前，由于父亲教我练字让我打下了较好的基础，能在同龄人中较早写出一手比较像样的字。后来正式上学后，使我获益良多，担任过班级的宣传委员，还在张老师的指导下，曾连续三年与其他同学一起利用周日休息时间，负责出全校的两块黑板报。我还参加学校的写字比赛，常常获奖。记得在上初中时候，有好几次被班主任请去他的办公室，替他在"学生联系册"上誊写班主任的评语。往事历历在目，这些都加深了我的学习自信心。这份自信是父亲赐予我的，它让我一生受益。

作者在退休前夕重游湖州潘公桥，并在桥上留影

邻居宁波老太阿姆不识字，她知道我字写得好，有时候会让我帮她代写家信。每次代写书信任务完成后，阿姆总会从一个方形的金鸡牌铁皮罐盒里拿出一块"万年青"饼干或一条华夫巧克力，算是犒劳我代她写信。干这种活，在当时是很有面子的事。

那时候，每年春节前后，父亲会带上我们兄弟姐妹去湖州大伯、叔叔家做客。依然记得在茶余饭后，父亲与大伯、叔叔聊得最多的就是有关书法的话题。三兄弟都热爱书法，他们互相交流各自的写字经验与体会。在他们的交流中常提到一些当代书法家的名字：如沈尹默、胡问遂、徐伯清、周慧珺、任政、费新我、谭建丞

如今的湖州潘公桥

等，到我长大后，才知道他们当年聊的书法家都是一些名家。他们兄弟间平时也常有书信往来，记得有一次大伯给我父亲写了一封信，当父亲读完信后，我就问他，大伯这个字算写得好吗？父亲回答："当然好的咯。"我说："我怎么感觉爸爸的字好像比大伯的字写得好。"父亲说："你看错了，只能说明你眼力还不够。大伯的字圆润而老练，有他自己的个性。"十多年后，当我再看大伯的信，感觉确实不同一般。原来，大伯从小在爷爷办的私塾里打下了扎实的基础，字里行间有着浓厚的章法气韵，同时隐隐有着于右任"标准草书"的气息。从局长岗位退下来后，大伯平时除了喜欢养兰花外，还爱读报，更多时候看见他独自一人坐在藤椅上用手指在膝盖上练习横、竖、撇、捺，其手腕运转自如的动作和他那认真好学的模样，让我至今仍清晰记得。

父亲还常说，写好字，选好笔很重要，古人曰：工欲善其事，必先利其器，一支得心应手的笔能帮你写出好字。他还告诉我：鲁迅先生平时喜欢用一种"金不换"牌子的毛笔写文章，这个牌子的毛笔，虽说没有周虎臣、杨振华等笔庄的名气大，但它质量非常好。数年前我碰到鲁迅纪念馆的馆长，专门向这位专家请教过"金不换"毛笔的情况。馆长说，鲁迅当年确实喜欢用"金不换"这一款牌子的毛笔。再后来我有机会去参观鲁迅纪念馆时，还特意去看了展厅里展出的一支鲁迅使用过的"金不换"毛笔。

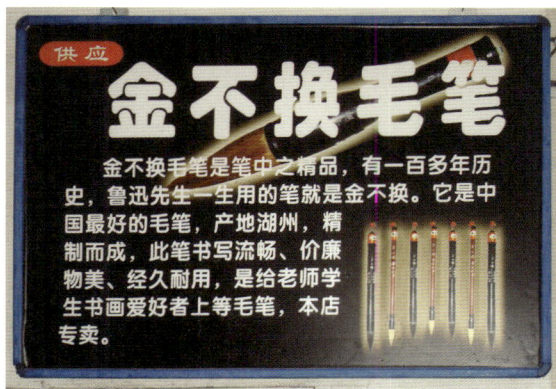

金不换毛笔介绍

父亲把"金不换"毛笔与鲁迅的故事讲给我听，让我对写字充满了兴趣。如今我虽然已退休，但还时常去龙华古寺学着抄经。字是中华民族文化的载体，写好字就是守护好我们的文化，这一课是父亲给我上的。

作者在上小学时参加写字比赛的获奖证书

作者在上中学时参加写字比赛的获奖证书

父亲爱逛旧货店

20 世纪 70 年代的"淮国旧"

　　颜文樑先生曾说过："我喜欢逛旧货店，有时候花一包烟的钱，就可以买到一只不错的旧钟表。"这句话对父亲产生了很大的影响。后来，他也逛起了旧货店，渐渐地，他发现旧货店有许多让人着迷的东西。父亲以他独特的眼光，面对这些琳琅满目的老旧物品，有选择性地买过一些东西。家中现在还保存着早年他淘来的那个日本陶瓷花瓶，这个花瓶可谓古色古香，每年的冬季父亲总会买上一束腊梅插在这个花瓶中，一阵阵暗香为"九钟楼"增添了生机。后来，父亲的眼光停留在了古董钟表上，他发现那些老的钟表很美，这些浸润了时光的老物品，也成了他到旧货店里发现美的原始动力。

　　父亲淘觅钟表时有两个要求：一是色彩漂亮或造型别致；二是该钟表结构有点与众不同。前者是艺术，后者是技术，只要满足一项，便是他想要收集的对象了。

　　家里有一件德国制的瓷壳大花纹明尖齿座钟，虽说有着近百年的历史，其外壳色彩依旧如初，钟壳上面的玫瑰红与粉红的月季花仿佛正盛开着，淡黄的花芯艳丽而不俗。父亲还给它配了一个红木底座，显得格外大气。瓷壳钟有不少，可像这件瓷壳钟专配了一个红木底座的极为少见。

　　那件座钟的来历也有故事，20世纪60年代的一天中午，父亲从车队步行回家吃午饭，路过董家渡旧货店，见货架上有件瓷壳钟，他立刻被上面艳丽的月季大花纹吸引住了。当时此钟标价四元，可父亲在衣兜里找来找去就是拿不出四元钱。回家吃午饭后，父亲就向奶奶开口了，他从奶奶每天买菜的钱里借了三元钱，加上自己身上仅有的一元钱，总算凑齐了四元钱。等下班回家时，再路过那家旧货店，见瓷壳钟还在，立马掏出身上的四元钱给了营业员，然后喜滋滋地把它捧回了家。

　　当年四元钱是个什么概念？打个比方吧，那时被列为政府困难户的补助标准线是每月人均八元。可见这买钟的四元钱在当时也算是不小的一笔费用了。

　　此钟不仅外表漂亮，而且机械结构也很特殊，上足一次发条，可连续走时十五天，每到半点与整点会报时。钟面上方有一个调节快慢的开关，钟钥匙上有两个大小开口，大开口用来开走时与报时的发条，小开口用来调节快慢。这件座钟还有一个特色，它在报点时，镶嵌硬皮的钟锤榔头会敲打在盘簧上，发出悠扬悦耳的钟声。

　　父亲还淘到过一件国产本钟，也很精致，它又称插屏钟，俗称南京钟。这件美华利插屏钟是父亲在南市陆家浜路上的一家寄售旧货店觅到的。美华利于光绪二年（1876年）在上海创办，1915年又正式在闸北天通庵路建立美华利钟表制造厂，成为中国第一家用机器生产钟表的工厂，所生产的各种时钟中，尤以"南京钟"最为出名。端庄典雅的南京钟也是父亲梦寐以求的藏品，当时觅到此钟也有一个故事。南京钟的制作成本高，售价也高，此钟在旧货店当时标价四十七元，那时家里根本拿不出这四十七元，情急之下，父亲就与母亲商量，想把他们结婚时，父亲给母亲买的呢大衣去寄售商店卖掉，母亲竟然同意了。后来父亲把卖掉大衣的钱加上家里

德制瓷壳座钟连底座

"美华利"牌插屏钟

瓷壳日历广告钟

仅剩的一点点结余，凑足了四十七元，把这只美华利插屏钟给捧回了家。国产美华利插屏钟曾在1915年的巴拿马国际博览会上获得过特等奖章，其钟面被镶嵌在像屏风一样的红木框架上，古色古香，雅致大方。这件"寿星钟"走时准确，采用均力圆锥动力源，报时清脆悦耳，标志着中国造钟技术在当时就达到了相当高的水平。

父亲后来告诉过我，此钟不可错过，一旦错过，就会遗憾。因为这是我们中国人在手工作坊里造出来的钟，反映了中国人的智慧，是一件历史的见证物，收藏它就是收藏历史。由此可见，父亲对收集古钟表的价值理念。有一次记者在采访时，听到了这个故事后，问我母亲同意卖掉大衣后的心情，母亲说，大衣将来可以再买一件，但有些东西错过就没有了。母亲总是这样默默地支持着父亲的收藏事业。

在那个物资匮乏的年代，人们会把钟表比喻成财富的象征，更是拥有者身份的体现。虽说父亲出身普通家庭，但他以一个收藏家的眼光，靠着工作之余的文化补习和对美术知识的学习，渐渐地形成自己的独特欣赏能力，练就了一双发现美的慧眼。他认为，这些古董钟表都是有生命力的，每当夜深人静的时候，那嘀嗒嘀嗒的走时声，能让他穿越岁月的烟云，与古代的能工巧匠对话。爱上收藏，使父亲有了一种特殊的情怀。

记得父亲当年去的最多的旧货店，是淮海路上的"淮国旧"。所谓"淮国旧"，就是国营淮海贸易信托商场，也叫淮海路国营旧货店。该店靠近淮海中路重庆南路口，在妇女用品商店的斜对面，那时在上海滩有着极高的知名度。它的店堂宽敞，店内有各种寄售的钟表、相机、乐器、皮货、电器，甚至古玩等，店后门的长乐路上有自行车和老家具寄售。如今"淮国旧"早已成了上海市民的一种时代记忆。当年的淮海路上的"创新"，金陵东路上的"卫星"，南京东路上的"协群"等寄售商店也很出名，那时候几乎每隔两三条马路就有一个旧货店或旧货摊，还有许多马路旧货摊，如在人民大道、会稽路、福佑路、东台路、打浦桥、董家渡等处都有。

大号皮统钟侧面

那时逛旧货店并不是一件丢人的事，有腔调的男人都喜欢淘旧货。他们追求一种情怀，追求一种生活的情趣。这些人中不乏有头有脸的人物，如刘海粟、颜文樑、周而复、杜宣、陈巨来、程十发等。旧货店曾经是我们这座城市一道亮丽的

珐琅水银补偿摆座钟

风景线，也是上海滩收藏的乐园，在那里成就了许多人的收藏梦。

改革开放后，马路旧货摊像雨后春笋般出现。每当周末，那些爱好逛旧货的人，会像赶集一样从这个集市赶着到下一个摊点。后来，许多老外也跟着淘旧货，古玩地摊市场成了旅游的热点。

当年从国营旧货店买来的钟表，店家都会出具一张发票，证明是从他们店卖出去的，给购物者留下一个凭证。一般情况下如有买错，凭此发票三天之内可以包退

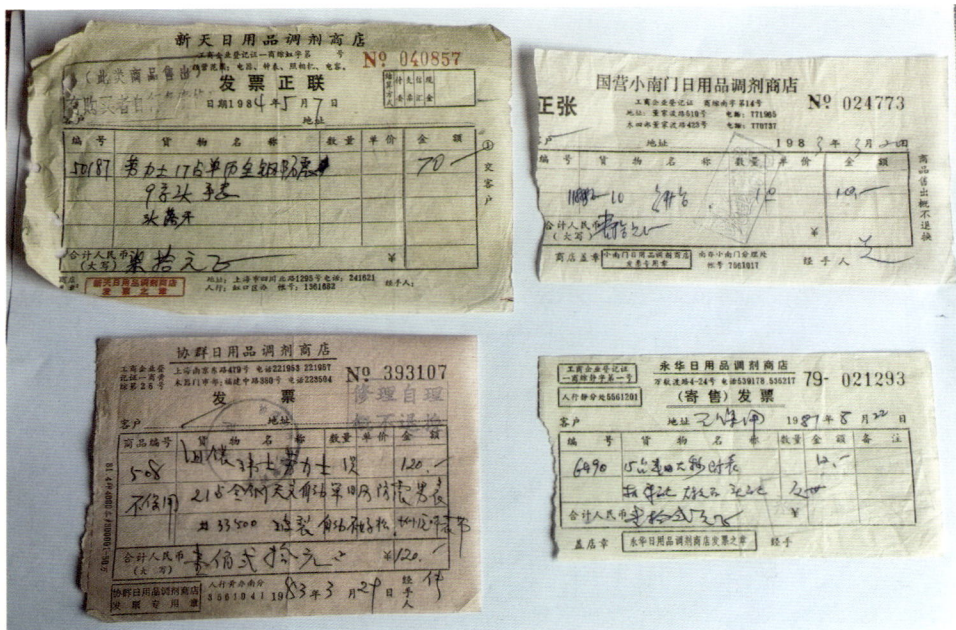

20 世纪 80 年代王安坚淘旧货时的发票

货。而在旧货摊上出售的旧物品，成交后出门不认账，这是行业的规矩。这个"行规"大家都明白，全凭自己的眼力去"捡漏"或"付学费"。如今翻出这些当年父亲购钟表的发票，它们仿佛也成为了"老古董"，看到这些发票，我似乎能感觉到父亲对于收藏的情怀。

父亲平时烟酒不沾，每月领到工资后，安排好家里日常开销后基本所剩无几，有时候略有一点点零用钱，父亲就拿着去淘旧货。父亲有一个原则，就是力所能及做自己喜欢的事，他从不向别人借钱去买钟表。为了能省下点钱，父亲常常步行去上班，硬是从牙缝里省几个钱，去换回自己喜欢的收藏品。

"文革"时，父亲也遭到过批判，造反派与工宣队给他扣上"封、资、修""搞小资情调""不求进步"等帽子，父亲对他们总是保持一种沉默。他依旧做好本职工作，平时从不张扬他的收藏品，钟表也不再放在家里的显眼处，而是把它们包扎好放在床底下的纸板箱里，平时不轻易示人。当年常听他说的一句话是："夹紧尾巴做人，做好本职工作。"后来造反派见他工作上没有差错，好像对"封、资、修"的东西也不那么追求了，就避免了被抄家的风险，九钟楼总算逃过一劫。

"文革"结束后，父亲又淘起了旧货，有时候学校放假的时候，父亲也会带上我一同逛旧货店。旧货店里各种老物件可谓应有尽有，是一个增长知识、开拓眼界的"社会学校"。我那时还不大懂事，父亲就认真地给我作讲解。记得有一次，他在"卫新"旧货店拿起一支老式钢笔对我说，这叫派克金笔（Parker），是美国的名牌金笔，解放前有身份的知识分子都以拥有它为荣。从此，我知道了世界上有一种笔叫派克，后来我也迷上了古董钢笔的收藏。

工作后，我上班单位在南昌路上，午餐后，同事们纷纷加入到"大怪路子""下象棋"等娱乐活动，因我不会打牌，于是常常独自一人趁着午休时间去附近的"淮国旧"逛上一圈，也会隔三岔五地坐上 26 路电车去常熟路上的"创新"旧货寄售商店，我的许多派克（Parker）古董钢笔就是在那里淘到的。我很感激父亲给我讲解的那些收藏方面的知识，更重要的是，让我明白了一位收藏者的使命和担当。

父亲自学修钟表

王安坚在检修古钟表

钟表收藏与别的收藏不同，它需要掌握一定的修理技术。这对父亲来讲开始有难度，他是一位门外汉，于是父亲就边收藏、边学习着摆弄，功夫不负有心人，在一次次动手实践中父亲逐步掌握了一手过硬的修复技术。

父亲有一种不服输的性格，每每淘到一只旧钟表，都会迫不及待地拆开并研究它的结构，然后再修理。常听父亲说，一般机械钟的零部件并不复杂，走时的部分有五个轮子，报时的部分也有五个轮子。即钟的机芯夹板左右各有五个轮子，它们负责一台钟的正常运转与报时。起初父亲拆开钟的零件，会用一支笔在纸上作一个记号，如：头轮、二轮、三轮……，时间久了，他就不需要专门记了，熟能生巧，全记在心里了。

父亲自学练成了一手修理钟表的技能，在当时蛮吃香的，单位同事、左右邻居都会时不时找上门，请父亲帮着修理各种停摆的钟表。父亲总是热心义务帮助修复，有时候自己还要贴钱买零件，给送来修的钟表换上新零件。

父亲在修理时，碰到一些较为复杂的擒纵机构，如"丁字轮""工字轮"等，也曾吃过几次"药"，被拆坏了，恢复不到原样。于是，他就会去书店买来一些有关钟表修理方面的书籍，通过阅读这些专业书籍，再尝试拆装，经过了一次次失败，直到拆装自如为止。父亲学艺还有一招，业余时间常常跑到钟表店，向钟表修理师傅讨教。记得当

王安坚在修复古钟表

王安坚在欣赏古钟表

年他常去的钟表店在南车站路靠近他单位的地方，每天午饭后的休息时间，他便会钻进这家修表店，向修表师傅请教。就这样一去二来，修表师傅被感动了，后来与我父亲成了莫逆之交。这位修表师傅的大名叫丁福云，丁师傅和他哥哥两人都是沪上修表高手。据说他哥哥的修表技术更高一筹，一般疑难杂症的表到他手里，都能

王安坚在修复古钟表

王安坚在学习阅读中

王安坚在钟表博物馆

妙手回春。丁师傅也很厉害，他的拿手活就是用微型车床车表的天芯，技术是十拿九稳，在同行操作比武中一直处于领先地位。

后来，丁师傅从南车站路钟表店调到店门面更大的中华路上的小南门钟表店，专门在店里的修表工场间，负责车天芯和修复各种"难弄"的钟表。

小南门钟表店离我们家仅相隔一条马路，记得父亲在工余时间也会经常跑到丁师傅的修表工场间，向他讨教修表技术。丁师傅是一位热心人，他常常会在下班后来到我家，当面指导帮助父亲提高修表技术。至今，我依然记得丁师傅与父亲在台灯下相互交流钟表修理的场景。

丁师傅文化程度不高，为人和善，见人总是笑眯眯的。他的家在川沙，每天骑自行车加轮渡上下班。记得丁师傅还带我去他家做过客，他有三个儿子，其中长子继承父业，自己开了一个钟表修理铺。时光荏苒，已有 30 多年未见丁师傅了，不知他现在怎样了。

功夫不负有心人，父亲的修表技术越来越熟练。同事、邻居常常把一些停摆的钟表拿来请父亲帮忙修，他给自己定下一条规矩：修钟表一律免费，不收任何修理费。

少年时的我，出于好奇，常常站在父亲旁边，盯着看他修钟表的每一个环节，有时候也会被他当作助手配合修钟表。给父亲作下手，做的最多的事，是帮着他做清洗，也就是把钟的零件一个一个拆卸放在煤油缸里浸泡，再用专用刷子在轮子或夹板上轻轻地刷。清洗是一个耐心活，见有生锈或铜绿的地方还需要用木签来剔除生锈斑或铜绿。最后把清洗完毕的零件再用粗布作抛光处理，力求达到"修旧如初"的效果。

修表是个专心活，时间过得特别快，不知不觉中一个小时、两个小时就过去

各式钟表上发条的钥匙

各式外国摆件钟

了。看父亲修表可以说是一种享受，我看在眼里，记在心里，慢慢自己学着父亲的样子也开始拆装上海牌手表和闹钟了，但我没有父亲那股执著的钻研精神，因此，只会干点简单拆装钟表的活。

父亲每淘到旧钟表，都要进行一次清洗整修，遇上有坏损的钟表，如钟表发条断了，会自己把发条给重新接上，一般用自制的铆钉给接上。若齿轮断了牙，就学着补齿轮牙；若遇到表面碎了，就磨玻璃表面，给重新装上；若摆轮游丝乱了，就戴上眼罩放大镜，重新矫正游丝。抛光打磨、发蓝等更是家常便饭。表面如泛黄陈旧，就自己动手翻新表面，最简单有效的方法之一，就是用新鲜的土豆片在表面上轻轻地擦磨，很快原本泛黄的表面就会变得清晰起来……

后来，随着对收藏旧钟表的认知提升，父亲在买回旧钟表，经过正常清洗后，对钟表里的零部件不再进行刻意的抛光处理，只清除灰尘或锈迹斑，尽量保持钟表机芯的原始状态。

20世纪50年代，父亲受单位一位山东老干部的委托，帮他在旧货店里淘到一只日本制造的猫头鹰挂钟。此钟外形像一只猫头鹰，钟在走时，猫头鹰的两只眼睛会左顾右盼，尾巴还会来回摆动。当父亲把淘到的这个猫头鹰挂钟给他时，他非常高兴。过了两年，有一次，山东老干部告诉我父亲，那个猫头鹰挂钟造型确实别致，但走时不行，时快时慢还经常停摆，误了家里人不少事，自己又不会摆弄，他不想要了，想把这个猫头鹰挂钟处理掉。父亲听完后对山东老干部说："您把此钟转让给我吧，我来看看是否能修复。"山东老干部点头同意了，就把家里的那个猫头鹰钟交给我父亲，父亲按替他买此钟的钱付给了山东老干部。父亲把猫头鹰挂钟拿回家后，经过数月调试研究，还是没能修复好，时快时慢、停摆等故障依然存在。后来父亲又向钟表店的技师请教，并经过无数次"失败"的实践，终于把原先存在的故障给排除掉了。为什么会出现时快时慢？原因找到了，除了在钟摆上下间调节可以起到校正效果外，同时钟摆尾巴背面有两个空心圆孔在发挥作用，由于年久失修，圆孔表面一直被一张白纸粘盖着，也没有引起注意。其实此钟在出厂时，这两个圆孔内是填有石膏粉的，后因年久石膏粉脱落了，钟的主人也没有注意到这个细节，时间久了，或快或慢的问题故障就出现了。这次父亲找来石膏粉并调成糊状，填入到这两个圆孔内，等石膏干透了，再用宣纸封住圆孔。这样钟摆就明显比原先要重了一些，钟摆的重量问题解决了，那么，再在摆杆的上下间稍作调节，走时就准确了。（见附图）

日制猫头鹰挂钟

当年我们虽说有两间房子，但住房

条件依旧拥挤。父亲擦洗、修复钟表都安排在晚上，等我们几个孩子都上床休息后，父亲独自一人在一盏8W台灯下挑灯夜战。他常说，夜深人静的时候，容易静下心来专心修表。此时，他不慌不忙地拆下表里的每一个零件，放在盛有汽油的透明玻璃缸里浸泡、清洗，并对每一个零件用眼罩仔细观察，用微型毛刷对零件一遍又一遍来回地刷，在确认没有积尘后，再把它放在一旁的另一个盘中自然晾干，然后用柳条削尖打磨夹板上的各个齿轮孔……最后把每一个零件按照原样再全部复位装上。等到整个机芯安装完成，上了发条会发出"嘀嗒、嘀嗒"的清脆的走时声后，往往已是第二天的清晨五六点了。此时，擦洗修复后一种满足与成就感油然而生地涌现在父亲的脸上，一夜的倦意荡然无存。

父亲告诉我说："那时候自己年轻，熬夜不觉得疲劳，因为修好表后很兴奋，很满足。"就这样他常常熬夜修理钟表，有时只是稍微休息两三小时，便步行去上班了。父亲的收藏之路，充满了神奇，好像他生来就带着修表的使命。

王安坚在王家钟表博物馆接待上海博物馆、南京博物院的相关专业人士参观

首创家庭钟表博物馆

同济大学陈从周教授题书的"九钟楼"

王安坚在九钟楼阅读钟表资料

"九钟楼"，是早年父亲起的斋名，其喻意：一是我家住在俞家弄九号；二是象征着收集了好多钟表；三是是"旧钟"的谐音，颇为雅气。为此，父亲还操刀刻了一枚"九钟楼"的闲章。

20 世纪 80 年代初，是一个思想解放、生机盎然的时代，各种各样的新生事物，在我们的身旁层出不穷。民间收藏登堂入室，成为人人羡慕的文化活动，特别是新闻媒体的关注，声势越造越大，兴起了席卷全国的收藏热。善于学习的父亲从电视报刊等媒体获悉，国外有许多小型的专题博物馆，如雪茄烟博物馆、啤酒博物馆、纽扣博物馆等，这些博物馆都是各具特色，同样引人注目。想到自己的钟表收藏，若可以让更多的人看到，何不试试办一个家庭钟表博物馆呢？这种想法，让他作出

王安坚在俞家弄的九钟楼钟表馆

王安坚在俞家弄九钟楼向中新社记者介绍古董钟

王安坚在王家钟表博物馆

王安坚在向游客介绍报房专用船钟

了一个在当时没人会想到的决定，在俞家弄"九钟楼"的基础上创建了王家钟表博物馆，时间是 1983 年。想不到的是，这个不经意的决定，使他开创了国内首家私人博物馆的纪录。

1984 年国庆前夕，我们家从南市俞家弄迁入在老北站附近的永兴路上的新

王安坚设计的王家钟表博物馆的铭牌

居。父亲在自家房门的门框上方挂上了一块铜牌，此铜牌中间刻有：WANG AN JIANG TIMEPIECES MUSEUM，铜牌的右方刻有象征钟面的图案，左方刻有一个象征钟面的印章。在当时，在家里办一个博物馆，可是一件破天荒的事。消息不胫而走，几乎每天晚饭后或休息天，我们家都会涌进一批又一批参观者。这中间不少是好奇者，他们慕名而来，图个新鲜。用现在的话来讲，我家成为打卡热地了。

王家钟表博物馆一景

王安坚夫妇在俞家弄九号钟表博物馆

当时，父亲的单位上海市长途汽车运输公司业务扩展，在福州、安徽、山东等地开设长途班次，单位让父亲陪同有关新闻单位记者前往考察班次运行情况。在考察期间的闲聊中，记者们听说父亲在家里建了个钟表博物馆，有许多钟表市面上见也见不到。这事引起了上海电视台刘记者的注意，他对父亲说，等这次出差考察回去后，我们来采访您。就这样当父亲出差考察回沪后不久，上海电视台的那位刘记者带上摄像师来我家采访。当晚，上海电视台就播出了父亲收藏钟表的新闻。

20 世纪 80 年代，电视的传播力可用能量巨大来形容，父亲的收藏事迹一下子传遍上海滩，传入了千家万户。采访后的第三天，《解放日报》记者陈发春也闻讯

王安坚夫妇接待参观者

王家钟表博物馆接待陈逸飞与毛阿敏一行

赶来，还约上摄影记者毕品富，陈记者不停地在问着记录着，一旁的摄影记者不停地抓拍采访的现场和收藏品。

记得父亲在被采访时说道："收藏钟表是我平生最大的爱好，由于这些钟表不易复制和仿造，不收集起来非常可惜。现在，我把自己收集来的钟表办成一个家庭钟表博物馆，不仅可以让更多的钟表爱好者一起来欣赏，而且对今后我国钟表行业的发展，也将提供丰富的参考资料，为社会作一点贡献。"

1983年4月9日，《解放日报》刊出记者的采访新闻，标题为：三十年收集古稀钟表一百只，王安坚办起家庭博物馆。

父亲出名了，我家的生活规律一下子被打乱了。因为父亲的钟表收藏馆就在自家的客厅里。每天母亲总要早早起床，把家里打扫得干干净净。由于没有办馆经验，他们边学边干，父亲在前面接待讲解，母亲做他的助手，在厨房间烧水，为客人倒茶添水。碰上双休日，我们四个孩子也会协助做好接待参观者等工作。

就是在这座家庭钟表博物馆里，父亲接待了一批又一批中外来宾，1988年11月28日，在市委宣传部外宣处处长的陪同下，英国驻沪总领事欧义恩全家四人来此参观。这位英国外交家也是位收藏爱好者，他在参观的同时，还提供了一些国际上收藏钟表的信息，给了父亲很多启示。我们家成了一个收藏文化展示的窗口，我们接待过原交通运输部的老领导，接待过上海市政协原副主席王兴、吴增亮、陈灏珠、左焕琛等，接待过原全国政协副主席李蒙，接待过南京博物院原副院长宋伯胤等领导。还有北京故宫博物院、上海博物馆、中国博物馆学会、中国科学院科学史研究所、中国计时仪器史学会、北京古观象台、上海钟表研究所的专家，以及南通、苏州、河南等地的钟表公司的专业人士。

王安坚接待澳大利亚工会代表团参观

1992 年 5 月 28 日，王家钟表博物馆应邀参加了由中国科学院、中国科技史学会组织的中国古代计时仪器史首次研讨会，会上宣读了有关钟表收藏的两篇论文。1994 年 6 月 21 日，王家钟表博物馆应邀参加了中国计时仪器史第二届学术研

王安坚在向新华社记者介绍他的收藏品

讨会，会上王安坚的两个儿子还与著名制表大师矫大羽先生进行了交流。矫大羽先生是瑞士认可的独立制表人，在国际上享有很高的声誉。

在那个热火朝天的年代，父亲办馆的动机很纯朴：独乐乐不如众乐乐，藏品是社会的，我只是暂时的保管员，让收藏回归社会，发挥它们的作用，这是收藏家应

王安坚收藏的各式古董怀表

有的社会担当。父亲是这样想的，也是这样做的。1993年著名画家陈逸飞导演的《海上旧梦》里外景的钟表镜头，就是选在王家钟表博物馆拍摄的。《海上旧梦》中有这样的镜头：钟摆不知疲倦地晃动，忽然百钟齐鸣，如惊雷滚过心头……。陈逸飞先生对我母亲说："之前我已看过好几家钟表店或古玩店，但王家钟表博物馆的钟表更符合《海上旧梦》的意境。我要感谢你们为这部电影的拍摄提供无私的帮助，使《海上旧梦》的拍摄任务圆满完成。

记得时任国家文物局局长单霁翔指出：民办博物馆已成为博物馆事业的重要力量，它们和国家博物馆一起，共同承担着保护、利用和管理好具有历史、艺术、科学价值的人类生存及其环境物证的崇高使命和社会责任，并为公众提供多样化文化服务。这在我国博物馆的多元化构成，创新博物馆管理模式，探索社会参与博物馆事业的发展机制中发挥了积极的作用。上海有着收藏半壁江山之称，收藏的大环境得益于十一届三中全会的改革开放春风。父亲开启了我国民间博物馆之先河，他的事迹被收入《中国博物馆之最》一书。

1999年1月6日，中央电视台一台专题介绍了王家钟表博物馆，片名为：钟情。

1993年，上海市旅游局曾为本市民间收藏推出了"都市觅史"的旅游项目。这是一项主要向境外旅游人士推出的活动。所谓"都市觅史"，其实就是一份"上海民间收藏分布示意图"，一共推荐了18家民间收藏馆，除了三山会馆外，其余都是民间收藏馆，他们是包婉蓉（戏服）、陈宝财（蝴蝶）、陈宝定（算盘）、陈玉堂（水盂）、杜宝君（雨花石）、方炳海（古匣）、黄国栋（扇子）、胡仁甫（根艺）、彭天皿（天然造型）、徐滨杰（船模）、黄跟宝（微型乐器）、王贤宝（九龙扇）、卫治安（玛瑙石）、许四海（紫砂壶）、余榴樑（钱币）、郑根海（贝螺）、赵金志（钥匙）。令人遗憾的是，那时父亲已于三年前逝世了，但可以告慰父亲的是，他首创的家庭博物馆形式已在上海生根开花，且硕果累累。

早年父亲收藏旧钟表，只要是造型漂亮、结构特殊的机芯钟表他都会收藏。到了后期，父亲的收藏重点转向与交通运输有关的钟表，如：马车钟、火车钟、飞机钟、汽车钟、轮船钟、航海天文船钟等。他认为，自己在交通行业工作，应该多收集一点与交通有关的钟表。就这样他明确了一个专题收藏——交通工具上的各种计时器。其中航海天文船钟是重要的计时器之一，他藏有瑞士产的派蒂克·菲力浦（Patek Philippe）天文船钟、英国的史密斯（Smiths）天文船钟，还有德国制天文船钟等。

父亲曾对我说起过，航海天文船钟中，最好的要数瑞士那丁（Nardin）公司所生产的船钟。20世纪70年代，他去我舅舅家做客，见书架上有一本《辞海》，便拿起随手翻阅，正巧书中有"航海钟"的条目介绍：计时器（Chronometer），又名时辰仪，为计正确时间而造之一种时计。其特点在不受温度变化及外部振动之影响，航海者多用之，故亦名曰航海时计。天文台所用之计时表，有合太阳时及合恒星时之两种。现今以瑞士那丁（Nardin）公司制造者最佳。（摘自1948年中华书局出版的《辞海》合订本）

袖珍瓷壳钟

袖珍马车钟

插屏钟－广钟

　　父亲后来一直记着《辞海》上介绍的航海钟的信息，始终在寻觅那丁牌航海钟，直到 20 世纪 80 年代才在本市的一家旧货寄售商店觅到日思夜想的那丁牌航海天文船钟。这件船钟成了王家钟表博物馆的宝贝，碰上同好来访，父亲就会捧出这只那

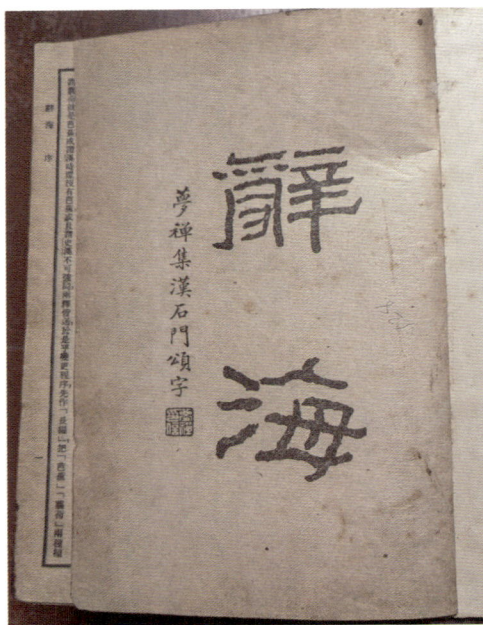

《辞海》

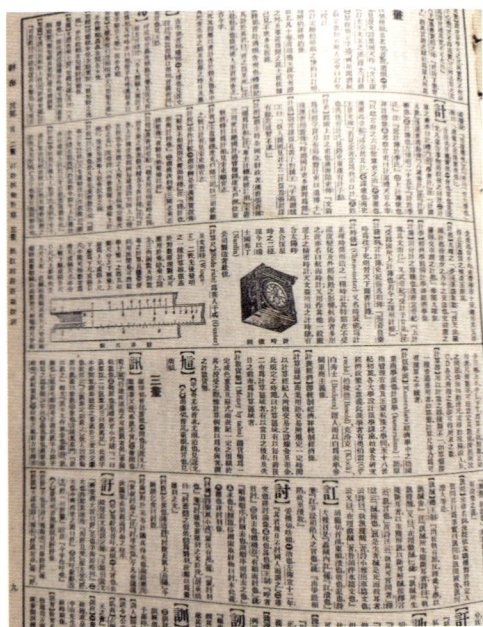

《辞海》上介绍的航海钟

王安坚汇编的有关钟表资料的剪报本

丁牌天文船钟，向他们介绍此钟的寻觅过程。在很长一段时间里，父亲一直沉浸在觅到这件宝贝的喜悦之中。

这个那丁牌航海天文船钟的外面是一个四方木盒，钟整体镶嵌在水平仪内，这样船只在海上颠簸时依旧能使钟的整体机芯处于水平状态。盒上镶有一块铭牌，上面刻有编号（每一只钟出厂时均有对应的编号）。打开木盒要用一把专用的钥匙，开启走时发条，开足一次发条可以连续走时两天，弹片冲击式天文台擒纵结构，筒状游丝摆轮。钟面上除了时针分针以外，还带有一根短秒针。船只在海上航行时，船上有专人（或有海图保管员兼管此钟）负责调节此天文船钟的误差，可见此钟在航海船上的重要性。

父亲还收藏了一只古代测时器——汉白玉日晷。日晷是根据太阳的投影原理测时用的，由晷盘和晷针组成。日晷盘面上刻有子丑寅卯等字样，代表着十二个时辰，针影随太阳光而移动，一个时辰就是两个小时。

这件日晷的来历还有一个故事。父亲收藏古董钟表的事迹被《解放日报》《人民日报》《人民画报》《中国日报》等多家媒体报道，一位美籍华人、考古学者沙米李先

生在《中国日报》上读到父亲收藏钟表的报道，专程坐飞机把家里保存的 400 多年前的日晷带到上海，通过新华社记者找到我父亲，把这个日晷赠送给一位中国的收藏家。沙米李先生握着我父亲的手说，你收藏钟表的事迹感动了我，我愿意把自己家的一只日晷赠您的钟表博物馆收藏。

沙米李先生还对父亲说，这个日晷就好比是自己的女儿，今天我为女儿找到一个好婆家而高兴。这件日晷成为了中美两国民间收藏交流的桥梁，加深了中美两国人民的感情。《解放日报》记者为此还作了一次采访报道，时间是 1983 年 10 月 1 日。

2002 年 11 月 1 日，原全国政协副主席李蒙在参观王家钟表博物馆时，听说这个故事后，欣然题词——"笔钟情"。

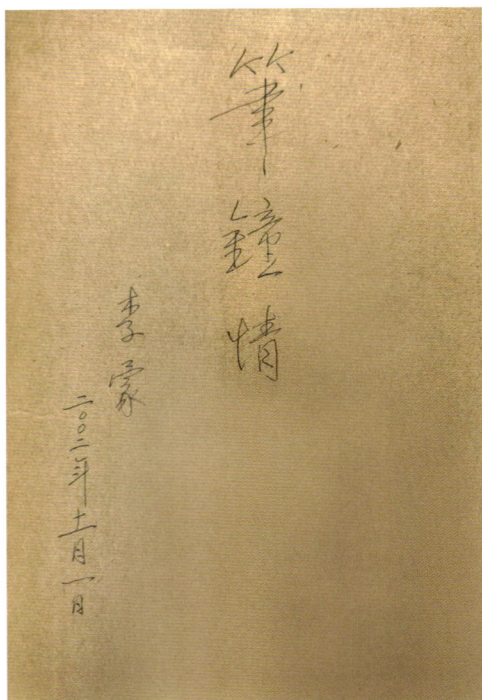

原全国政协副主席李蒙题词——笔钟情

第一次在人民公园办钟表收藏展

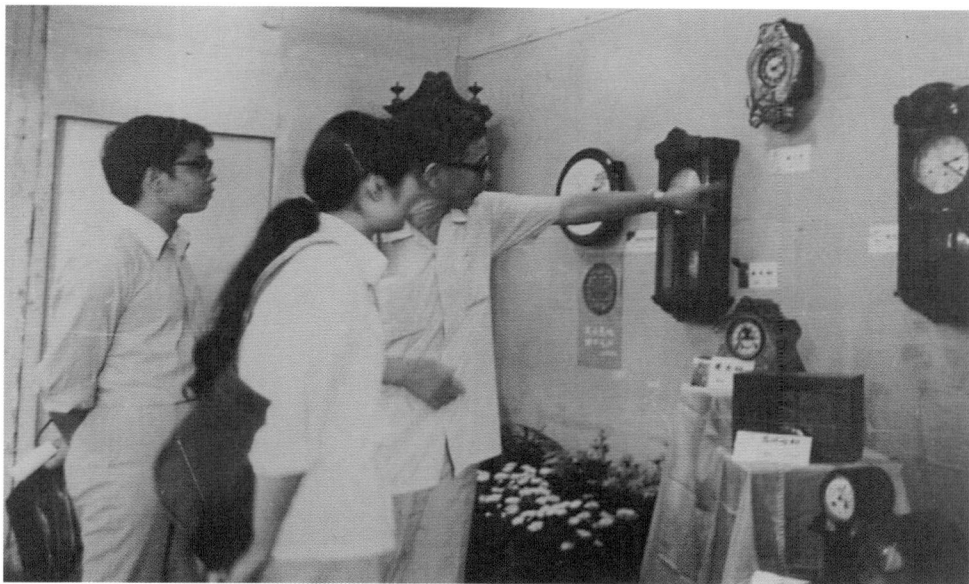

在人民公园钟表展上，王安坚（右一）在向观众介绍其收藏的古董钟表

1983 年 10 月 1 日，《解放日报》刊登了一条新闻，标题为：王安坚钟表藏品展出。报道如下：由市交通运输局工会和人民公园联合举办的"王安坚钟表藏品展览"，昨天起在人民公园内展出。广大观众可以欣赏到本市长途汽车运输公司干部王安坚三十年来精心收集珍藏的一百多只中外稀有钟表，这些都是 18 世纪后期 20 世纪初期英国、法国、德国、日本、美国、瑞士和中国清代的各式钟表，其中美国考古学家沙米利赠送的中国古代计时器日晷，将首次同观众见面。

这是父亲应邀第一次面向社会举办的个人展览。办展前人民公园的主任就两次来我家，与父亲商量办展的有关事宜。由于当时"文革"刚结束，民间收藏还没有过公开的展览，所以主办方很重视，对藏品的运输、展品安全、陈列布展等与父亲

王安坚钟表藏品展览参观赠券

进行一一沟通。

20世纪80年代是冲破禁锢的时代，党的十一届三中全会的春风吹遍了神州大地。原先在地下偷偷摸摸的收藏活动，一下子成为了"香馍馍"，人们也从单一的文化生活中走了出来，各类收藏活动犹如雨后春笋般涌现出来。1983年4月9日，《解放日报》首次报道父亲创建"王安坚家庭钟表博物馆"后的五个多月，就在人民公园举办了沪上最早的钟表个人展览，引起了社会的广泛关注。《解放日报》《新民晚报》《人民日报》《旅游报》《人民画报》等报刊第一时间作了宣传报道。父亲一下子成为一个公众人物，让我们子女荣誉感满满。

在人民公园展出的都是父亲多年来精心收集的古董钟表，其中有高2.5米的法国祖父钟，它每隔十五分钟就会报出悠扬的威斯敏斯特曲调；有不足一寸的瑞士袖珍怀表；有开足一次发条可以连续走时四百天的德国座钟。日制猫头鹰钟特别引人注目，走动时猫头鹰的两只眼睛会左顾右盼，尾巴还会左右摆动，整点报时会发出"咕咕"的叫唤。还有重500克的特大怀表，是表中之王。更有中国清代手工作坊制作的南京钟，可谓玲琅满目，精彩纷呈。

当时，每天参观的人数不计其数，有来自本市或外地的观众，有学生，有收藏爱好者，有钟表厂家和钟表研究所的专业人员。江苏南通一家钟表厂家还专门派出技术人员多次来展览现场考察，并让父亲把有特殊功能的钟表拆开，让他们拍照及测量。因为这家钟表厂想借鉴展览中的钟表，准备回厂模仿开发新品种。

1983 年 10 月作者在钟表展广告牌前留影

　　父亲收藏的藏品确实很迷人，例如，有一个袖珍皮统钟，造型小巧玲珑，市面上几乎看不到比它更小的了。整个钟有五面玻璃窗，前后左右及顶窗，珐琅质钟面上除了时、分针以外，还有一个短针，用以闹钟定时。此钟除能正常运行走时外，还能当作闹钟用，当年家里人有上早班需要早出门的，常常把这个皮统钟当作闹钟。它的机芯设计也很独特，其钟摆轮在机芯顶部，从顶部隔着玻璃窗可以一目了然地知道走时情况。而闹钟的钟铃被设计在钟的底座内的空隙里，如同汽车的备胎吸在底盘上。钟铃也很特别，采用合金工艺浇铸而成，发出的声音特别清脆而响亮，即使遇上喜欢睡懒觉的人，听到它那急促的铃声，估计也会被闹醒。

　　这些展出的收藏品都有故事，例如那件 2.5 米高的法国制祖父式落地报时报刻钟，吸引了很多人驻足观看。当年与父亲在一个车队的驾驶员小俞知道父亲喜欢搜集各式各样钟表，有一天小俞去他老同学家玩，老同学告诉他，想把家里的落地大钟锯开，用它的柚木面料来改做成结婚家具的床头柜。小俞就把此事告诉了我父亲，父亲对小俞说："帮我问问你的老同学，床头柜我给他买一个全新的，这个钟是否愿意转让给我？"小俞的同学见父亲很想要这个钟，又开始犹豫了，说不准备

人民公园内王安坚钟表藏品展览场景

卖钟了。父亲便对小俞的同学说，如感觉价钱不到位，我们可以再商量。最终父亲以全新的三个床头柜的价钱换回了这只祖父式落地钟。

父亲与小俞的同学谈妥交易后，喜出望外地连夜借了一辆黄鱼车去拿东西，回家时已是半夜三更。父亲轻轻地叫醒我们，帮着他把钟搬上二楼。此钟十分高大，我们五个人一起搬，都感觉好沉。钟被放在我家前楼的墙角处，钟顶与屋顶仅留下四厘米的空隙。

这个落地报时报刻钟比市场上一般的祖父式落地钟要大，总高度达 2.5 米。一般落地钟上下两部分可以拆开，而此落地钟为一个整体，因为是整体，更能确保走时运行的精准。

这件落地大钟大有来历，原来小俞同学的父亲早年在法国领事馆做大厨。中华人民共和国成立初期，法国领事要回国，他就把这个落地报时报刻钟赠送给这位中国大厨，作为纪念。没想到此钟在大厨家里没几年就停摆了，钟内的各种故障也随之出现。如果搬到钟表店去修很不方便，叫钟表师傅上门来修，开出的修理费又贵。就这样，这个大钟长期被闲置在大厨家的墙角。这次大厨家的一个儿子准备结婚，就想到了此钟木材面料不错，决定把钟锯开做一个床头柜，由此引出了父亲"锯下救钟"的故事。

就在那次展览的期间，父亲与我作了一次谈心，他说，自己以前在车队里做安全员时会经常组织召开驾驶员的安全会议，而自己发言时总感觉会很紧张，脸也会涨得通红，讲

王安坚为钟表作保养

不了几句话，就会结结巴巴。如今面对记者或者与同行交流时，感觉就不紧张了。他说，人需要锻炼的，有机会多说，多练习，紧张感就会消除。我对父亲说，这里的每一件钟表都是您亲自搜集来的，应该能讲好收藏过程中的故事。他朝我笑笑，也许我的话说到他的心坎上。有一次，我遇到《解放日报》的一位记者，他告诉我，您父亲对记者的采访非常配合，能碰上这样配合的采访对象还真不多。著名作家叶永烈数次上门来采访父亲，他边记边打开袖珍录音机，他说，这样的采访是他常年养成的习惯，采访的内容就不会漏记。还说我父亲讲得很精彩，口才很好。后来他写了一篇《野生人才成长》的纪实报告。在采访过程中，他与父亲结下了友谊，还把自己的藏书——1955年由北京青年出版社出版的《几点钟》一书赠送父亲。叶老师在此书的扉页上写道：王安坚师傅：这是一本富有文采、生动活泼、内容丰富的

钟表书，供您参考。愿您写出更好的中国式的钟表史话。另外，还在封二上写道：
王师傅：英国剑桥大学李约瑟博士写过《中国的天文钟》一书，清华大学刘仙洲教授写过《中国计时器方面的发明》一书。您可查阅、参考。现在看来，叶永烈老师真是一位真心帮助别人的作家。

《几点钟》封面

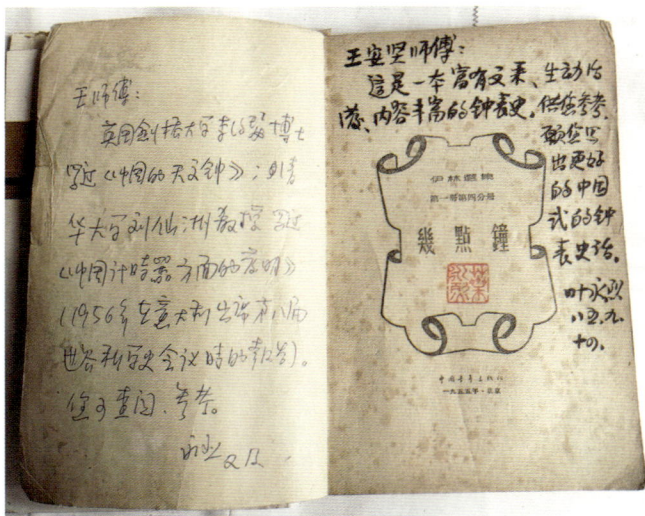

作家叶永烈在《几点钟》内页上的留言

与南博、北京故宫钟表馆结缘

自鸣钟，就是早期的西洋机械计时钟，因它能报时报点及鸣发声音，故名"自鸣钟"。它由意大利人利玛窦传入中国。利玛窦（1552—1610年）除了传教士的身份外，还喜欢研习汉语及中国儒家思想。他把西方的书籍、地图、计时仪器等带入中国，让中国人大开眼界。同时他还将中国的"四书"翻译成拉丁文，为西方读者留下《中国札记》，轰动了世界。当年，利玛窦还与中国的科学家徐光启结下了深厚的友谊。

利玛窦在1601年1月25日，把自鸣钟进贡给明神宗万历皇帝。他一共进贡了一大一小两座自鸣钟，几天后出现了小钟不走，大钟也停摆的情况。万历皇帝下令三天之内必须修复好。利玛窦后来开设了一个修理时钟的短期训练班，从此人们称利玛窦为中国钟表业的始祖，其塑像受到钟表修理匠人的膜拜。机械计时器，成为了东西文化交融的见证物。

王安坚在王家钟表博物馆阅读钟表史料

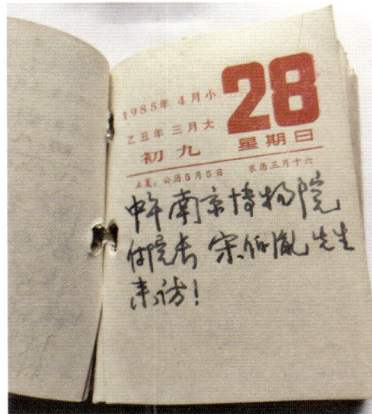

王安坚写在台历上的日记

北京故宫钟表馆工作人员一行参观王安坚家庭钟表博物馆留影

　　故宫收藏的钟表是故宫博物院最有看头的藏品，被认为是世界博物馆同类收藏中的佼佼者。清代皇帝喜欢收藏钟表，顺治、康熙、乾隆三位皇帝均喜欢收藏钟表。西方在工业革命后，大批传教士来到中国，为迎合皇帝的喜好，他们想尽办法在钟表上动脑筋，日月星辰通过发条动力变成斗转星移，车马人物、花鸟虫鱼的设计显示出制钟匠人的超然天赋。清宫最多时藏有 1000 多件钟表，制作年代从 18 世纪到 20 世纪初。那些传教士把当时最新、最时髦的钟表带到宫里，供皇帝欣赏把玩。钟表成为西方机械技术传入东方的载体，无意之中也形成了钟表这个独特的收藏门类。经过了明清两代的积累，北京故宫钟表馆成为全世界收藏自鸣钟最多的地方，这些宫廷钟表也成为了稀世之宝。

　　1986 年 3 月的初春，父亲应南京博物院之邀，为该院检修一批宫廷钟表。这些古董钟表都是清代皇宫的遗物，是抗日战争时期故宫南迁时的文物，留在了南京博物院，因为它当时叫中央博物院。由于这些钟表长年失修，已停摆了多年。应南京博物院宋伯胤副院长的邀请，父亲前往南博对三座宫廷钟表进行彻底大检修。这三座钟分别是"仙鹅跳舞钟""卷帘打铃钟""鸟鸣水发转花笼钟"。这些诞生于17—18世纪的老古董，结构中装有美鸟、珐琅彩转花等，能叫能跳、能整点报时报分，有着10多项特殊功能。其中以"鸟笼钟"最为精彩，但也"病"得最厉害。父亲把数百个零件拆下，检查了转花与鸟鸣、狮口的同步装置，发现其中一根鸟笼丝是空心的，里面有一根细的铜丝在牵连，太紧就卡住，太松则拉不动。父亲终于找到了它们的"病症"，使它们起死回生，恢复了"青春"。这三座宫廷钟后来参加了在中国香港举办的一个钟表博览会，引起轰动。

美制机械汽车钟

日制双狗摆件钟

后来父亲回忆起这次修复，感慨地说过，宫廷钟表修复要在传承中做好创新。他在修复的每一个步骤中，都能见证到当时人们对机械钟表的智慧，工匠师的超前想象力让人赞叹。打开一座钟，就是与历史上的工匠师们在对话，就能感受到他们的手艺与匠心。宫廷钟表承载着大量的历史信息，有时候借着修复工艺也能完整地保存下来，这应该是我们收藏家的责任。

1986年，父亲成为了第一个被批准以个人身份加入中国博物馆学会的收藏家。为此，他积极利用个人掌

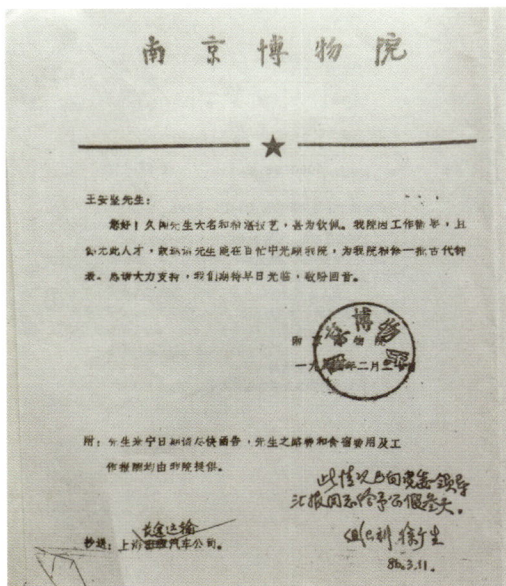
南京博物院邀请王安坚检修古钟的书面函

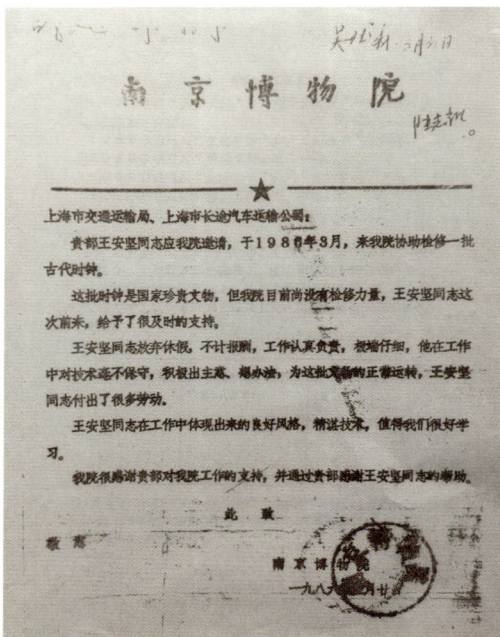

南京博物院对王安坚检修古钟的感谢信

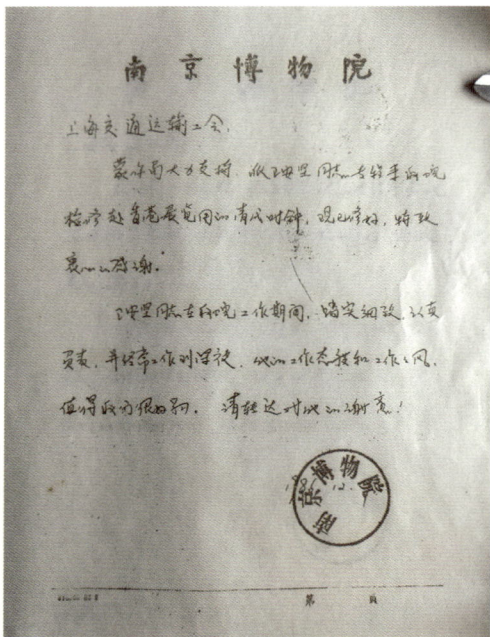

南京博物院写来的感谢信

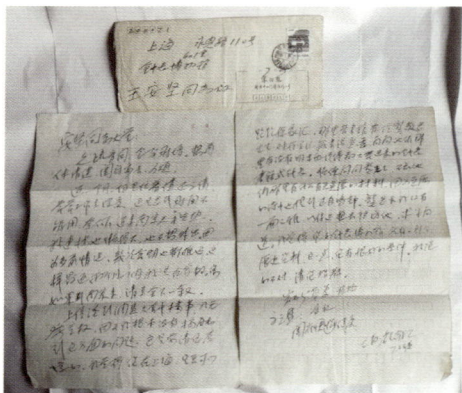

南京博物院宋伯胤副院长的信札

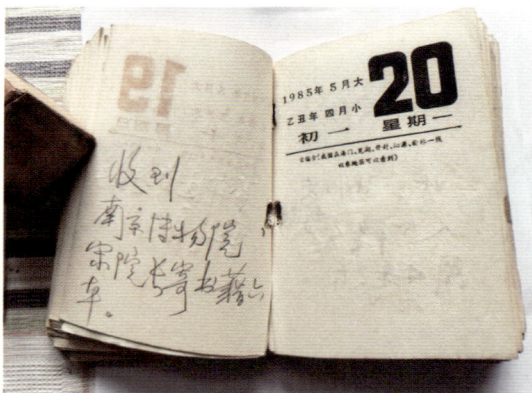

王安坚收到南京博物院宋伯胤副院长所寄书籍后在日历上作的日记

握的资料为国家文物事业做了许多拾遗补缺的工作。例如，1988年北京故宫博物院钟表馆的代表数次接受父亲的资料馈赠，使他们弄清了许多宫廷钟表的来龙去脉……

1988年，记得父亲当市政协委员不久，就接到北京故宫博物院钟表馆的请求。

原来，北京故宫博物院收藏了许多来自英国的古典钟表，它们中有体量巨大、装饰华丽的大型自鸣钟，也有制作精良的各式袖珍怀表，故宫方面希望父亲帮助查找一批早期英国钟表的史料。出于对文物保护的一种责任心，父亲答应了他们的的请求，通过英国的藏友威文先生，为北京故宫开出的 64 只钟表的清单，查找它们的史料，其中有铜镀金镜表、象驮水法钟、人物亭式转化水法钟、花瓶开花活蝶四面钟等。为了专门查询这些钟的信息资料，威文先生经过约半年时间的查询，终于将这批钟表的史料全部找到并寄给了我父亲。父亲就把这些史料交给了故宫博物院钟表馆。故宫博物院钟表馆收到这些珍贵资料后非常高兴，这为钟表馆的"一钟一卡"史料增加了详细的信息。

记得北京故宫博物院有一位姓陆的研究员，带着她的同事和学生，多次专程来上海参观王家钟表博物馆。她在参观后对父亲数十年收藏的古董钟表给予了很高的评价：您收藏的古董钟表正好是故宫钟表馆的一个缺门。

1989 年 3 月，父亲还应上海博物馆的邀请，为其鉴定了一批古钟表。

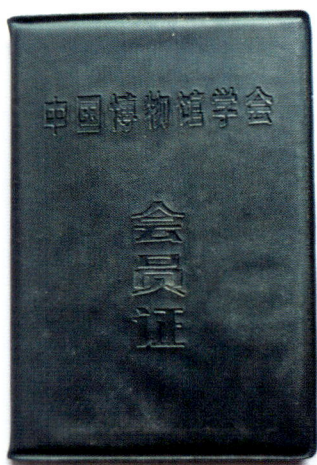

王安坚中国博物馆学会会员证　　　　王安坚中国博物馆学会会员证内页

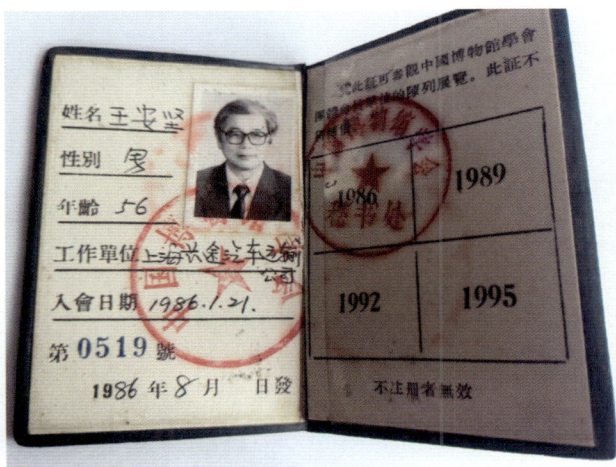

为本市大自鸣钟作文史调研

1988 年 3 月，父亲光荣地成为上海市第七届政协委员。父亲激动地说，从没有想到自己会成为一名上海市政协委员，这是组织的培养与信任，可不能当一个"名片委员"，要对得起这个委员的称号，更要尽好委员的责任。作为一名来自民主党派界别的委员，他注重委员的履职行为，通过实地调查和明察暗访等获取第一手信息，撰写社情民意向有关部门反映。市政协举行政协全会、小组协商会议、政协视察等，他从不请假，他说这是委员履职学习的过程，不可随便缺席。市政协为委员订的《联合时报》他也是看得认认真真，对一些好的文章他时不时向我推荐，让我也成了《联合时报》的读者。在父亲言传身教的影响下，冥冥之中有缘，1997 年

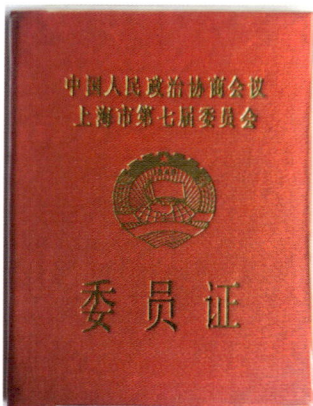

王安坚被推荐为上海市第七届
政协委员的委员证

王安坚参加政协俱乐部的会员证

外滩海关大自鸣钟

上海海关钟楼局部

上海海关大钟机械部分

王安坚所作的上海古钟史料调查资料

初春，我也被推荐成为闸北区的政协委员。2021 年年底，因到龄我从静安区一届政协常委岗位上退下来。回想自己在政协的履职经历，感慨万千。

如何做好一名政协委员，父亲说得很少，但用自己的行动来履行委员的职责。他常常以普通用户的身份，深入邮政第一线，认真听取邮政职工的意见和建议，仔细观察工人们的实际工作情况。1988 年 9 月 23 日，上海市政协主办的《联合时报》

报道了市政协委员、古钟表收藏家王安坚创办了我国第一个家庭钟表博物馆，接待来自世界各国的钟表爱好者参观。

1988年11月30日，上海市政协的"每月信息"栏上发表了题为"英国驻沪总领事访问王安坚委员"的报道：1988年11月28日，英国驻沪总领事欧义恩和夫人在市委宣传部外宣处同志的陪同下，参观了王家钟表博物馆，总领事和夫人对各种古钟表非常欣赏。父亲的钟表收藏，为中英文化交流架起了一座桥梁。

父亲还经常想到自己收藏者的身份，思考着怎样为收藏与文博领

当年王安坚的台历日记

域多做一点实事。他在王家钟表博物馆里先后接待过来自全国文博培训班的学员和政协港澳台界别的委员们，向他们介绍古董钟表方面的鉴赏知识。

1989年夏天，在市政协文史委员会的指导下，父亲开始对上海历史遗留下来的钟楼大钟进行了一次实地调研。他撰写了《上海建筑大楼大钟调查报告》，交到了市政协文史委办公室，文史办领导收到报告阅后评价：这是前所未有的历史之举。

从1986年开始，父亲就着手进行对上海和全国的钟表史调查研究的前期准备工作。他首先从上海起步，上海的城市建筑有万国博览会之誉，不少建筑上有大钟，上海人称之为"大自鸣钟"。父亲先后跑到外滩海关大楼、四川路桥邮电大楼、

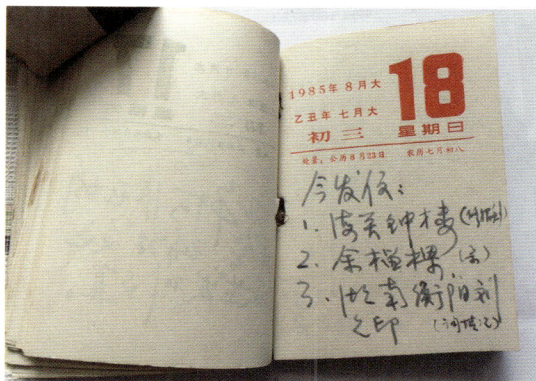

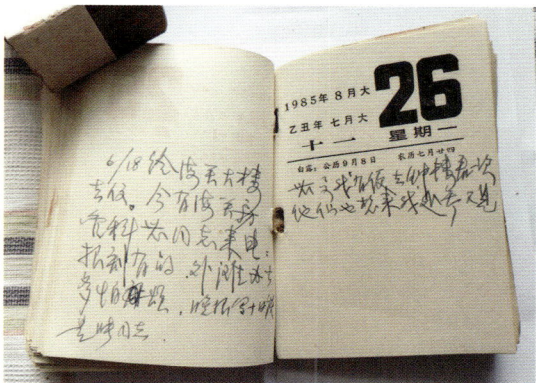

王安坚与钟表界前辈及市政协领导一起考察华东政法大学韬奋楼大钟

华东政法大学韬奋楼，登上钟楼作实地调查，对钟的生产地、制造时间、检修过程均详细一一列出。他常常顶着严寒、冒着高温酷暑登高楼爬屋顶，实地查勘钟表的现状。新华社的张耀智女摄影记者被父亲这种一丝不苟的实地调查精神所感动，主动联系父亲跟随一同参加调研并拍摄采访。

外滩的海关大钟是外滩的标识，上海人素来叫它"外滩大自鸣钟"。这座大钟建于1927年，钟楼约有10层高，四面镶有白色的钢化玻璃钟面，钟面直径5.4米，分针重48千克，时针重37.5千克，在当时据称是亚洲第一、世界第三。1928年元旦，海关钟楼正式敲响第一声的威斯敏斯特曲子，从此大钟的报时报刻的悠扬钟声，回响在申城的上空。至今海关大钟钟面上的铭文依然清晰可见：重建江海关之基石，系于中华民国十四年十二月十五日即西历一九二五年十二月十五日，由江海关监督朱有济、税务司梅乐和会同安奠，全屋落成在中华民国十六年即西历

韬奋楼自鸣钟

一九二七年。

经父亲考察，上海拥有钟楼大钟 10 余座，尚能正常运行的只有一半不到。这些钟大部分是英国、美国等国所造，如原圣约翰大学即现华东政法大学韬奋楼的大钟已有 100 多年的历史，是上海资格最老的大自鸣钟。最幸运的要数华侨饭店的大钟，这个大钟直径不大，被隐藏在大楼群中，很少被人注意到，因此一切保持原状。最令人惋惜的是北虹中学（原圣芳济学院）教学大楼的一座音乐报时大钟，它是 1884 年由清同治举人、苏淞太道台邵友濂赠送给该校的礼物，但在"文革"结束后被毁了。

父亲在他调研的基础上，还在推动使这些大钟重复青春的规划，但遗憾的是，父亲的生命却定格于 1990 年 7 月 16 日早晨。

几十年来，每当我路过外滩听到海关钟声，抬头望着那巍峨的钟楼，心里就会像黄浦江滚滚的江水，不能平静。父亲那份保护大钟的情怀，至今仍温暖着我的心。

王安坚夫妇在王家钟表博物馆接待日本收藏家

王安坚文章集萃

上海最古老的大钟

上海的钟楼最多，最有名的当数江海大钟了，号称远东第一大钟。而最古老的大钟却很少有人知道，本应首推董家渡天主教堂大钟，它是 1847 年建造的。但"文革"中已被破坏拆去。

现在上海最老的古钟已轮到华东政法大学韬奋楼（原圣约翰大学怀施楼）的一座双面大自鸣钟了，它是 1876 年由美国马萨诸塞州波士顿市的"好华德"钟厂制

王安坚与市政协领导一起考察华东政法大学的韬奋楼大钟

造。此钟曾停走18年，经郑拾风先生关心，在晚报上写了《让大钟正常运行吧！》一文，呼吁尽快修复。1982年被孙剑鸣等八位钟表行业的退休老人自备工具，不收分文报酬，奋战四天，重新让大钟运行起来。然而好景不长，有人想让钟面更加漂亮一些，花了不少钱用有机玻璃做成新式钟面，但有机玻璃既怕冷又怕热，太阳一晒，钟面竟凸出很多，顶住大钟的时针，又不走了，常会走走停停。今年夏天房屋大修时准备重新改装，谁知一位修房的青年民工竟模仿电影"三十九级台阶"中的惊险动作，悬空吊上钟针，导致机械部分擒纵齿轮损坏。真是多灾多难的大钟，幸亏有热心老人孙剑鸣先生作后盾，又是他会同几位热心人在有关方面配合下再次前往修复，于是，钟声又响了。

1989年12月22日《新民晚报》夜光杯

王安坚一行考察结束后签名留念

广告钟

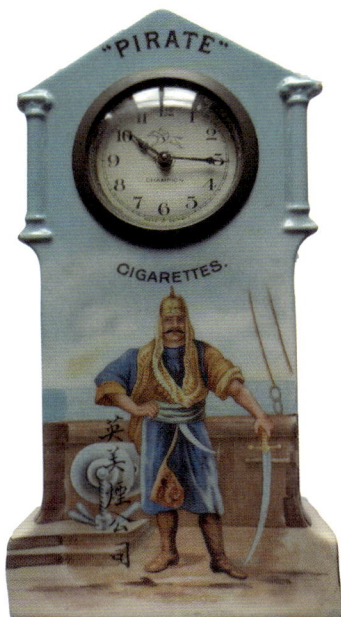

老刀牌香烟广告钟

自从商业广告兴起以来，数百年间，广告花样不断翻新，别出心裁，无奇不有。这些广告不但要求效果好，还要考虑有效时间长。我收藏到一只英美烟草公司生产的"老刀牌"香烟广告钟，外表是瓷壳彩绘。据有关资料记载，英美烟草公司于光绪二十九年（1903年）来上海开厂，生产"老刀牌"香烟。从钟壳上方的英文"PIRATE"来看，应是"海盗牌"。由于国情不同，在有些国度里是把海盗当作英雄看待的，但海盗一词毕竟不雅，为了避免中国人反感，改译成中文"老刀牌"。

用时钟做广告，可以说是用心独到。时钟是人人要用，时时要看的，一般总放在稳妥而又明显的地方，更不会轻易丢弃，因此可以说是最有效的广告，也是保存

时间最长的广告。此钟已经为"老刀牌"香烟做了八十年左右的广告了，如果是按年按月计算广告费的话，该是一笔多么可观的数字啊！

中国出产陶瓷历史悠久，闻名世界，要是在陶瓷产品上做广告，大概也不太难吧？有关厂商不妨一试。

1985 年 11 月 26 日 《上海汽车报》

英美烟公司老刀牌香烟广告钟

清王朝对钟表的贡献

1360 年，德国亨利·田维克发明了重锤机械钟，成为后来机械钟的鼻祖。说来真是巧合，1360 年中国的元代科学家詹希元发明了五轮沙漏，附有指针和字盘，还会敲锣打鼓报时，真是妙不可言。耐人寻味的是，德国人发明的重锤机械钟很快就普及推广了，并不断改进完善，而詹希元发明的五轮沙漏只能放在宫廷陈列。

到明朝末年，一般人还不知钟表为何物。《续通考·乐考》有这样一段记载：明万历二十八年 (1601 年) 十二月二十一日，大西洋人利玛窦来华进献自鸣钟，大钟鸣时，小钟鸣刻，秘不知其术。这是进入中国的第一只自鸣钟。皇帝甚是喜爱，太监又不懂钟的使用，只得把传教士留在京城，以便随时进宫校正钟表。后来外国人评论说，利玛窦的成功就在于进呈自鸣钟。

到了清代情况就起了很大变化，欧洲的君主派使者和传教士用钟表敲开亚洲的大门，他们不断地用自动玩具和奇巧钟表向中国皇帝进贡，教会还时常派遣训练有素的钟表匠编入传教士队伍，到宫中帮助修钟。

康熙比较重视西方科学技术，并把西方钟表看作为一种科学成就。他不仅热衷于收集各种西洋钟表，还在宫中内务府造办处建立一个"作钟处"，制造大型钟和袋表。1740 年前后，宫内钟表作坊就有 100 多人在修造钟表。因为康熙、乾隆两位皇帝的重视，不但在宫中设"作钟处"，还在广州和江南一带设造办处，为宫廷和王公大臣制造钟表。所以我们现在看到故宫陈列的钟表明显地分成两大类，一类

是外国进贡的"洋钟";另一类是我国土生土长的"本钟"。本钟又因产地不同分成两帮，一曰"广钟"，一曰"苏钟"。"广钟"以奇巧花式见长，"苏钟"以实用取胜。

乾隆皇帝死后，宫内的"作钟处"也于1796年关闭。但是，当时在其他城市已有许多民间钟表作坊出现，并能制造出很有中国特色的复杂而又精美的时钟，如"打秋千""翻杠子""跳加官""跑马射箭"等玩意都能在钟内表演。

嘉庆年间徐光启的五世孙徐朝俊不但能制造奇巧的钟，还著有《钟表图说》一书，详细介绍钟表制作和维修的原理。

清王朝对钟表的爱好和重视，对我国后来的钟表工业发展不无贡献。

1990年3月2日《新民晚报》夜光杯

上海最古老的钟表店

上海的钟表店之多，可谓全国之首。可哪一家钟表店历史最早？众说纷纭。过去曾有报道说法国人霍普于 1865 年开设的亨达利钟表店历史最早。

近年来有人提出上海有一家张恒隆钟表店的历史更早。笔者通过多方打听，终于在现今上海天津路上找到了张恒隆钟表店的原址，并见到了张恒隆钟表店的第五代传人张星宝。老张已年届花甲，他十六岁开始在本店学生意，钟表饭吃了十多年，1956 年行业转业，现在在上海光研所工作。张星宝告诉我，张恒隆钟表店创办于清咸丰二年，即公元 1852 年，过去营业执照上也是写明的，当时地址叫抛球场后马路，也就是现在的天津路河南路口。张恒隆钟表店是前店后场（作坊），既造钟又卖钟，也修钟。现在楼下店面已改作他用，而楼上修造钟表的长作台和部分工具及零部件至今依然存在，实为难得。

张家祖籍徽州休宁，历史上制造计时器钟表的人很多，如元代詹希元，清代汪大黉、芮伊、方秀水等都是徽州人。另外张家老祖宗做过外贸生意，接触洋人洋钟洋表较多，因此可能与钟表结下了缘份。

张恒隆钟表店的特点是擅长修造，张星宝的父亲张子庭是同行中高手，同行中修不好的钟表都来找他解决（俗称交行生活）。其祖父张永泉、曾祖父张培卿、高祖张荣贵都是造钟名家，翻造的钟碗（铃）更为有名，《文物》杂志和台湾故宫的刊物也都作过介绍。

张家男人是钟表修造能手，女眷们身手也不凡，插屏钟面子铜花版上包金工作都是她们的手艺。因为所用的确是真金，让外人做不放心，所以也就成了自家女眷们的"专利"了。

张恒隆生产的插屏钟大部分销售到北方，1937年前后大号钟可售银元50元，中号售40元，小号售30元。到1942年因抗日战争爆发，铜材原料受到管制，加上南北交通封锁，才被迫停产。

上述历史说明，中国人在上海开的钟表店比洋人要早十三年，这也填补了上海手工业发展史的一角。

1990年5月21日《新民晚报》夜光杯

海上沧桑话大钟

前几年，我曾对上海清末民初钟表制造行业进行过一些调查，由此又对上海钟楼大钟的历史和现状产生了调查兴趣，但一时苦无机会。今年夏天，在市政协文史委员会的指导下，我对上海历史上遗留下来的钟楼大钟进行了一次文史资料调查，在工作中得到了有关单位的支持和新华社摄影记者张耀智的帮助。

上海现有钟楼大钟 10 余座，尚能正常运行的只有一半不到，如海关大钟、邮电局大钟、华侨饭店大钟、黄浦区文化馆大钟等还在正常运行。其余大多时走时停，个别甚至已沉睡多年，最严重的已被拆毁。

这些钟大部分是英、美等国所造，也有一部分是中国人自己造的。其中最老的已有 100 多年历史，如原圣约翰大学即现在华东政法大学韬奋楼的一座报时自鸣钟，是 1876 年由美国马萨诸塞州波士顿市的"好华德"钟厂制造。此钟曾停走 18 年，郑拾风先生曾在报上写文章呼吁早盼修复。1982 年被孙剑鸣等 8 位退休老人义务修复好。年龄最小的是海关大钟，可是它的体积最大，功能最多，号称远东第一大钟。它是英国"乔埃斯"钟厂制造，于 1927 年安装竣工。但在"文革"中在劫难逃，遭到严重破坏，原来几何型钟面被改为向日葵，悠扬的"威斯敏斯特"乐曲被 40 只高音喇叭播放的"东方红"所代替。1986 年经过中国钟厂等五六个单位通力协作才基本上恢复原貌。最幸运的要数华侨饭店(原华东大楼)的大钟了，它虽有四只钟面，但钟面直径不大，又是在大楼群中，很少被人注意，因此一切保持原

状，运行也很正常。它是美国康涅狄格州托马斯钟厂 1926 年的产品。最令人惋惜的是北虹中学（原圣芳济学院）教学大楼的一座音乐报时大钟，它是 1884 年由清同治举人、苏淞太道台邵友濂赠送给该校的礼物，"文革"中被破坏殆尽，连残骸也不知流落何处。今年是该校 115 周年校庆，校方很想恢复，可惜已无能为力了。

中国人造的钟全是由上海钟表大王孙梅堂开设的美华利钟厂于民国初年所制，当时分布在全国各大城市的大钟有近百座，上海约占一半。到目前为止，上海也仅保存下来两三座，一座是 1919 年安装在先施公司摩心亭（现为黄浦区文化宫），但钟已改头换面了，动力和擒纵机构已改为电动。唯有大南门中华路电话局的一座是 1920 年造的，机械部分还算保管完好，实为难得，但无专人保养，也已停走多时了。最让人痛惜的要数新闸路原海关总署的一座四面大钟，竟在今年六月间拆旧楼盖新房的过程中被民工敲坏。幸好钟面上美华利三字还清晰可辨，此钟很可能是原外滩老海关的钟被拆下移此，因其钟面等极像是海关之钟。

另据资料记载，中国造的最大一座的钟面直径达 100 寸的四面大钟，1921 年安装在原吴淞华丰纱厂屋顶，可惜 20 世纪 50 年代即被拆除。

这些大钟是历史的见证，是城市的象征，是街道的景观，是大楼建筑物的面孔，是拍电影的最佳镜头。海关大钟的优美声音为人们带来美的享受和无限遐想。希望有关方面重视对这些大钟的保护，切莫再任意拆除破坏了，要为子孙后代留下历史的遗产。

1989 年 11 月 10 日 《爱好者报》

校对钟表之"验时球"

现代人使用钟表已很普及，校正时间也很方便，只要打开收音机，听到"嘟、嘟"最后一响即为标准时间；或者打个电话随时可以询问时间。可是在 19 世纪之前上海还没有这些报时设施，人们要得到标准时间校正钟表却是一件很麻烦的事。

最近一位英国钟表爱好者威文先生给我寄来了一幅图文并茂的中国清代上海的风俗画，画题为"日之方中"，并详细记有"验时球"一节。大意如下：光绪十年 (1884 年) 上海法租界外洋泾桥塆 (即现在的延安东路外滩) 设置了一座标准钟房和验时球的建筑，每日午间 11 点 45 分将一只圆形球缓缓上升，11 点 55 分升至杆顶，等到中午 12 点整圆球落下，此时居民纷纷验对时刻。当时市民对此设施亦很称奇，升球时围观者甚众。从图上可以看到，那个时代的道路上还没有汽车，只有黄包车、马车和手推车。行人多为长袍马褂，头后还拖着一条长长的发辫。延安东路当时还是一条不小的洋泾浜呢，外洋泾桥也很有点气派。桥上马车下来，桥头还有一名手提黑漆棍的外国巡捕在站岗。停在黄浦江的大船是标准的轮船，两边各有一个划水的大轮子。

这些大概就是外滩 100 多年前的最美风景吧。

1990 年 7 月 6 日 《新民晚报》

我收藏的"怪表"

表里钟挂表

大八件挂表

我收藏钟表数百只,清代挂表花式最多,其中有几只"怪表"颇值得玩味。

1965 年,我在寄售店买来一只"死"表,从外壳看是一只挂表,而表面上又明明白白画有一只钟,有钟面、针和摇来晃去的摆铊。中心还有一根长秒针,它一跳就是一秒,同时还会发出蹦嚓嚓之声。有人叫它"表里钟",也有人戏称之为"钟表总汇"。从表的造型和结构来分析,应是 1800 年左右的产品,有人说它是英国造,也有人说是法国造,但机器夹板和面子上一个字也没有,我想还是暂定"无国籍"为宜。

我还有一只 1830 年制造的普通的"大八件"挂表,也很有些与众不同。此表面子上有两个十二小时为一圈的罗马字时间,其外圈又有一圈子丑寅卯辰巳午未申酉戌亥十二个中国人的时辰,与 24 小时互相对照。每个时辰有八刻,时针走一小时,分针只走半圈,但已是四刻,如此烦琐的计时方法,也堪称一"怪"。

1990 年 7 月 15 日 《新民晚报》

我收集到一只威廉森挂表

威廉森挂表

　　威廉森 (WILLI AM SON) 是英国伦敦的一位钟表匠的名字，他制造的钟表就以自己的名字命名。威廉森家族从 17 世纪起到 19 世纪，是世界上最有名望的钟表业家族之一，擅长制作金、银、珐琅和音乐、中心秒等名贵挂表以及具有东方色彩的花色钟。

　　最让威廉森家族引以为骄傲和光荣的事情，是他们家族曾为西班牙国王和中国的乾隆皇帝制造过钟表。现今世界上很多收藏家和博物馆都以能收藏到威廉森钟表为幸事。

　　我在 1986 年曾应南京博物院之邀，为该院检修过一批宫廷钟表，其中就有一只是威廉森制造的。1988 年北京故宫博物院委托我，请英国钟表爱好者威文先生查阅到 64 只故宫藏钟的史料，其中的第 61 号就是威廉森钟。

　　今年六月初我路过一家个体户旧钟表店，无意中发现橱窗内一只灰不溜秋很不显眼的挂表，但威廉森这个标志和它的特殊造型却吸引了我。它的秒针与众不同，

是设计在"三"的位置上的,这是极为罕见的。当时我想无论如何也要买下这只表。经过一番讨价还价,最后花了60元就买下了它。我回家后连夜检修,终于使它显露出华贵大方的真容,越看越令人喜爱。我高兴得一夜合不上眼,因为从此我也有一只英国钟表名家威廉森制作的挂表了。这大概也是收藏家的一种收藏乐趣吧!

1990 年 7 月 28 日 《新民晚报》

大自鸣钟在何处

王安坚（左一）在对海关大楼大钟作调研

　　上海有一处地方，习惯上称为"大自鸣钟"，因历史上该处建有一座"大自鸣钟"而得其名。但该"大自鸣钟"已于20世纪50年代拆除，而今人们根据后来所见，往往错把曹家渡、五角场等地称为"大自鸣钟"，因这些地方以前也曾在路口安装过大电钟，实为一大误会。

　　曾有人问我"大自鸣钟"在何处？我因未经考证，亦不敢信口回答。后来带着这个问题，我曾请教过钟表行业前辈孙剑鸣和电影界老艺术家乔奇两位老先生，他们都说"大自鸣钟"在小沙渡路。

近阅上海史料，偶见有关"川村纪念碑"一节，大意为：民国十五年（1926 年）4 月，日商内外棉纱厂为纪念前日本大班川村，在劳勃生路（今长寿路）小沙渡路（今西康路）路口建造了"川村纪念碑"，高四五丈，四围成方，顶嵌四面大钟一座。这就是历史上称之为"大自鸣钟"的真正所在。

　　关于川村其人，全名为川村利兵卫，据史料记载：光绪二十三年（1896 年）受日本内外棉集团派遣来华考察，1909 年（宣统元年）拟定计划在上海开办纱厂，后遭到反对而中止。宣统三年（1911 年）终于在沪西办成纱厂，残酷榨取中国劳工血汗和廉价原料，短时间内获得巨额利润。到 1924 年，川村病逝时已发展到 13 家厂。川村实为侵华之先驱，日商内外棉纱厂为纪念他故建此"川村纪念碑"。而人们厌恶川村其人，对纪念碑极为蔑视，因此只叫其为"大自鸣钟"，而不称"川村纪念碑"。"大自鸣钟"却因此而得名。

1990 年 8 月 30 日《新民晚报》

计时器小识

中国古代就发明了"日晷"(利用日影长短计时)、"水钟"(铜壶滴漏水位计时)、"火钟"(燃烧香棒计时)、"沙钟"(流沙计时)等计时工具。自东汉至明清,历代对计时器械都有研究和成就,如:公元130年东汉科学家张衡就创造了"用水力作动力的机械计时器——水力浑象";公元725年唐代科学家僧一行、梁令瓒创造了"水力浑天铜仪",这是最早的报时自鸣钟;宋代苏颂、韩公廉等人创造了"水运仪象台",它可以自动报时和观察天象,是世界上最早的天文钟;该器械中的"天衡"的设计原理相当于现代钟表中的擒纵机构;到公元1360年左右,也就是元代至正年间,科学家詹希元创造了"五轮沙漏",其制法与漏壶相似,匹北方天寒地冻,故改用以沙代水。五轮沙漏与现代钟表五轮走时原理基本一致。

当时世界上其他国家的计时器械发展又是怎样的呢?说来也巧,1360年我国詹希元发明了"五轮沙漏",同一年德国乌顿堡的享利·田维克创造了以重锤为原动力的机械钟,钟的面子上只有一根时针,没有分针(当时分针、秒针还未设计出来)。机械钟的出现是随着世界文明的发展,人类智慧的进步,其机械是逐步被研究制作出来的,经过不断的改良,这才成为今天的时钟。

到了1500年,德国纽伦堡有位彼得·享利发明了用弹性的发条作为钟内的原动力,代替了重锤动力,这样使钟的体积大为缩小。又过了一百年左右逐渐缩小到能装在圆鼓形的盒子里,面子上仍旧是只有一根时针,也没有玻璃,其貌不扬,走

时亦不甚准确，但它却是怀表的老祖宗。

据资料记载："明朝万历二十八年，意大利天主教传教士利玛窦到北京进呈自鸣钟。人们秘不知其术，大钟鸣时正午一击，以至初子十二击。小钟鸣刻，一刻一击，以至四刻四击。"从这个资料来分析，应是一架比较复杂的报时报刻钟，说明了这个阶段欧洲造钟技术发展较快，从 1360 年创造机械钟到 1600 年左右，已造出了多种类型的时钟。

我国到了明朝末年，南京人吉坦然是一个有名的钟匠，他造了一座名叫"通天塔"的自鸣钟。到了清朝康熙、乾隆年间，西欧各国进呈的自鸣钟也就多了起来，帝王朝臣、宫后王妃们也对时钟有了极大兴趣，特别是乾隆皇帝曾多次下令，由宫廷召集能工巧匠在广州、苏州、南京等地制造。这些工匠曾造出各种用途的钟，但造钟毕竟是一种特殊手艺，制作不易，耗时甚多，有的甚至只做一只，或者一对，所以产量不多，流传下来的更少。到了清朝末年，南京、苏州等地造钟的手工作坊有了发展，这一时期主要以生产"插屏钟"为主，因其造型像插屏而得名。"插屏钟"俗称"南京钟"，或称"本钟"，以示与"洋钟"有所区别。"插屏钟"不论内机构造还是外观造型，都有着我国的独特风格，钟架是用红木雕刻，造型古朴雅致，色彩富丽堂皇，有些至今还能正常运转。如今大江南北还有不少人家在使用它，已成了十足的老古董了。目前国际上有很多钟表收藏家来华以能买到"插屏钟"为幸事。中国的钟表史也是源远流长的。

1986 年第 8 期 《科技与经济》

我集藏交通工具用的钟表

王安坚收藏的各式交通工具用的钟表

　　收藏钟表数十年，当初并无一定目的，贪多求奇，藏品数百，洋洋大观，自得其乐。时至今日，对外开放，交流信息渐多，愈来愈觉得藏品应有自己的特色。世界上专题收藏的兴起，对我启发颇深，我在交通运输部门工作，便"靠山吃山"，近年来开辟了"交通工具钟表"的专题收藏。

　　交通工具和钟表的历史关系非常密切，不论汽车、火车、轮船、飞机等都少不了钟表计时器，就连古老的马车也是有计时器的。过去虽然已收集到一部分汽车、飞机、轮船上的钟，但对其了解不够，研究更少。如有一种船钟，面子上有三分

钟红线和四秒钟红线，不知其作何用，传说甚多。我曾登船三次终于找到答案，船上电报房一位主任告诉我："这是报房专用钟，三分钟红线是国际统一规定的海上静默时间，有红线的三分钟内只能收报不能发报，静听海上有无"SOS"呼救信号，四秒钟红线是遇到紧急情况按键报警时间。"

对钟的精确度要求最高的要数航海天文钟了。英国是老牌航海国家，早在18世纪就曾用高额奖金鼓励设计发明航海天文钟，它要求不受温度变化及外来震动之影响，可为海上测量经纬度之用，以校正航舶在海上的正确航向。1716年英国的约翰·哈里逊终于发明了这一精密计时器——航海天文钟，为此，约翰·哈里逊获得了两万英镑的高额奖金。

到了20世纪50年代前后，航海天文钟已逐步为无线电导航、卫星导航和石英电子钟等现代设备所取代，航海天文钟也就逐步成为收藏家的宠物了。近年来在各界朋友的帮助下，我陆续收集到一批世界公认的名牌航海天文钟，其中有英国的"汤姆司""维克多""迪克松"，最难得到的要数瑞士的"那丁"和"派蒂克·飞利浦"了。回忆起来那是在三十多年前偶然翻阅一本民国三十七年出版的《辞海》，书上有这样一条记载："……航海天文钟，以当今瑞士'那丁'公司制造者为最佳。"从此我着了迷，有时连做梦也会想得到"那丁"，现在终于如愿以偿，三十年梦想成了现实，可谓"乐在其中"吧！

1988年3月28日《上海商报》

航海、天文、汽车钟的演进

收藏钟表数十年，愈来愈觉得交通工具与钟表的历史关系密切，不论轮船、火车、飞机、汽车都少不了计时器（钟表），就连古代的马车也有计时器。因此，也就促使了我开辟交通工具与钟表的收藏与研究。

对钟表精确度要求最高的要数轮船和兵舰了。英国早在 18 世纪就曾用高额奖金鼓励设计发明航海天文钟，它要求不受温度变化及外来震动之影响，可为船舶海上测定经纬度之用，以校正海上航向。1761 年，约翰·哈里逊终于发明了这一精度计时器——航海天文钟，当时哈氏也获得两万英磅的高额奖金。此后的二百多年，"航海天文钟"已成了航海必备，如果没有"航海天文钟"，船长可以拒绝启航。

到了 20 世纪 50 年代，"航海天文钟"已逐步为无线电导航和卫星导航所取代，"航海天文钟"已逐步成为收藏家的藏品了。我近年来已收集到世界公认的名牌"汤姆司""维克多""那丁"等航海天文钟，三十年的梦想终于成了现实。

飞机钟花式不多，大多是清一式——黑面孔点夜光，虽说其貌不扬，却大多出自名牌大厂，如美国的"爱而近""汉弥登"，瑞士的"浪琴"，日本的"精工舍"都生产过飞机钟。

汽车出现虽仅百年历史，但它一出现，很快就与钟表结缘，当时英国的"斯密司"、美国的"华尔逊"、瑞士的"积佳"等钟表厂都为汽车设计制造过钟表。最早出

现的汽车钟安装在方向盘的横档上，看时间很不方便，而且还妨碍操作，后来才改装到仪表板上，但最大的问题是上发条不方便，手要伸进仪表板后才能上发条。不久，"斯密司"钟厂设计了有铰链的钟外壳，上发条时钟可以翻身，方便了不少。华尔逊钟厂更是巧妙地设计出一种拉弹簧上发条的装置，只要拉一下绳子发条就拧紧了。当时的汽车钟大多是名牌厂生产的机械钟，价格昂贵，大多为轿车所采用。

随着科学技术的进步，电子钟、石英钟的出现，提供了多种多样的廉价汽车钟，目前汽车钟已为各种汽车普遍采用。特别是现代大客车都装上了大型汽车钟，悬挂于前窗之上，全车乘客都能一目了然，为乘车人提供了方便，这是一大进步。

1988 年 1 月 10 日 《爱好者报》

我的私人钟表博物馆

20 世纪 80 年代初私人办博物馆，也许是不可想象的事。

我一生最大的爱好是收藏各种古钟表。开始也并不想搞钟表收藏，只想买几只好玩的自己用用，更没想办什么博物馆。谁知钟表的花色实在太多，无奇不有，太吸引人了。到了 20 世纪 60 年代我竟然也收藏了近百只古钟表，尽管这些钟表都是自己省吃俭用，花钱一只一只从商店里买来的，但在那个年代里我从不敢轻易示人，全用报纸包好藏到床铺底下，天天提心吊胆，生怕树大招风，被扣上"崇洋媚外""封、资、修"的大帽子。尽管如此，"文革"中还是受到严厉的批判。

到了 20 世纪 80 年代，情况就大不一样了，政府关心职工八小时以外的业余文化生活。1981 年上海市总工会工人文化宫把我们动员起来，拿出各人心爱的收藏品、工艺品，办了一个题为"八小时以外的业余文化生活"大型展览会，以反映中国工人的业余文化生活。

1982 年，上海电视台报道了我收集钟表的故事，于是几乎天天有人上我家来参观，应接不暇。《解放日报》一位记者来采访了三次，反复看了来自世界各地的 100 多只钟表。这些钟表造型各异，功能多样，有的会走会敲，有的音乐报时，有的猫头鹰鸣叫报点。小的不满一寸，大的高达两米多，中国清代手工制作的插屏钟，已经百岁高龄，自今运转自如。他看后说："你的家就是一座钟表博物馆。"并于 1983 年 4 月 9 日在《解放日报》上发表题为"30 年收集古稀钟表 100 多只，王安坚办起

王安坚夫妇和两个儿子在九钟楼

家庭博物馆"的文章。接着新华社发了通讯稿，世界各地的通讯社基本上都转载了这条新闻。但是国外也有人怀疑这条消息是否真实，如英国《每日电讯》报就曾派过一名记者登门采访核实。就这样，"钟表博物馆"的名声传出去了。

博物馆办起来后，我力争逐步发展两个专题藏品：一是中国明清手工制作的古钟和计时器；二是结合自身交通职业，收藏交通工具的钟表，如汽车、火车、飞机、轮船、兵舰上使用过已退役的钟表，特别是航海天文船钟极为珍贵，因为船舰在海上航行，要用它来测定经纬度的。解放前出版的《辞海》上就有条目专门介绍："以瑞士国那丁公司(NARDIN)制造者为最佳。"我东寻西觅整整30年终于买到了这只"那丁"航海天文船钟，兴奋得我几天合不上眼。近年来我得到了许多热心人的支持和帮助。北京有一位叫鄂烈的老干部，1937年在武汉参加革命，父亲为他买了一只铁壳怀表，这只怀表曾随他南征北战，参加过抗日战争、解放战争和抗美援朝。他特地把表寄来送给我，表虽已破损不堪了，但它却是革命战争年代的历史见证物。美国考古学家沙米李1983年不远万里为我送来一只20斤重的汉白玉日晷。这是我国古老的计时器，沙米李先生手里拿着一张英文版的《中国日报》，并说他是根据报纸上的消息找到北京，又从北京找到上海，总算找到了我，把这件古董——日晷送给了我，也就有了归宿了。上海电影局副局长丁正铎把一座很有纪念意义的法国电池摆钟赠送给我作为馆藏。还有素不相识的德国友人福格太太为我寄来德国黑森林小型挂钟，而且是西德一位名家之作，正好又补了我藏品中的黑森林钟之缺。布谷鸟钟也是我向往已久的了，因为布谷鸟钟在钟表发展史上有很多趣事，我一直想买到它，但就是遇不到好机会。后来日本的老收藏家香西安久夫妇知道了，一下子就为我送来了三只各不相同的布谷鸟钟，真可谓人间好事我兼得。

收藏钟表实物固为重要，但收集文字资料更不可少。这些年来我已剪贴了厚厚的两大本，抄了两大本，又复印很多国内外钟表方面的资料。我调查了上海钟表发展史及上海的钟楼大钟历史和现状，又与国外的爱好者建立了良好的关系，他们经常为我寄来极有价值的文史资料。国家有关单位也经常来找我查找资料，甚至我还通过英国朋友为故宫找到了64只牌号的钟表历史资料。能为国家作出一点贡献，这对我来说也是极大的安慰。

我对我的"钟表博物馆"还有不少不满意之处，有待于调整充实提高。我决心为我国的文博事业和国际交往作出应有的贡献。

1990年8月18日《中国交通报》

乐在其"钟"

我年轻时爱好很广，什么绘画、书法、雕刻等都来两下子，但大多半途而废。后来我又爱上了古钟表。不想这一爱就是30多年，成为我的终生之乐。

20世纪80年代初，我已经收集各种古钟表100多只，其中有清代手工作坊产的"南京钟"，还有18世纪末到20世纪初法、德、美、英等国的产品。这些钟，造型和机械结构各不相同，性能也多种多样，有单走时的、敲点报时的、音乐报刻的，有走一天的、走八天半个月的，甚至走四百天的。

可是这些钟表我买来时，大多年久失修，有的已是残缺不全的废物。像那只法国音乐报刻落地大钟，当年它的主人曾准备拆下木壳，做床头柜用。那是一年春节，一位朋友来访时谈起，某人有只高2米半的落地钟，停摆已几十年，成了累赘。我听了连夜赶到那人家里，请求主人不要拆，我买只新床头柜来交换。主人也乐意成全我，便一口答应。这只大钟，我用了一个多月的业余时间才把它修好了。

我的钟表中，还有个说钟不是钟、说表不是表的怪玩意儿。我给它起名叫"表里钟"，因为它外表像表，可洞窗里却有只金属摆铊。上海许多修表的老师傅都说，修了一辈子钟表，还没有见过这么怪的东西。这只"表里钟"走动起来发出的声音，竟是华尔兹舞曲的节奏。

我收藏的钟表，有时还会给有关单位的业务活动提供帮助呢。如那只英国造的"老刀"牌香烟广告钟，就曾对商业广告部门有所启发。还有一只猫头鹰钟，更是为一家小钟表厂出过大力。

这只猫头鹰钟，是我的一位领导，曾经给陈毅当过驾驶员的老常送我的。它形象逼真，走起来眼睛动，尾巴摇；打点时，嘴巴一张一张地鸣叫。外地一家小钟表厂想搞新产品没资料，他们找到了我。我就把这只钟拆开，让他们拍照、测量绘图。现在他们的仿制品已经研制成功了。

我收藏钟表的消息传出后，得到国内外各界人士的关注和支援。美国考古学家沙米李先生从万里外给我送来了我国古代计时器——日晷。他说："这只日晷放在你的钟表博物馆里，我就放心了。"北京有位老干部给我寄来了一块曾经跟着他身经百战的挂表。上海一位老教师，临终前嘱家人把一只有百年历史的老挂表赠送给我……更使我深受鼓舞的是，著名书法家赵冷月先生为我题写了"乐在其钟"的条幅，周谷城副委员长为我题写了"钟表之家"。

环顾我的陋室，什么"四喇叭""双门"之类一概没有，只有大大小小的钟和表。可我，包括我的妻子、儿子，都没有寒碜之感，反而觉得很富有，很充实。

1995 年 12 月 《中国民间收藏集锦》

记一件珍贵礼物——日晷

1983年5月26日，美籍华人、考古学家沙米李先生根据英文版《中国日报》对我的报道，不远万里来到上海，特地将一件我国古代计时器日晷赠送给我。这位老学者对我的收藏赞勉之余又风趣地说："我将日晷送给你，好比为姑娘找到了婆家，放在你的钟表博物馆内，发扬祖国文化的光辉。"一番真情话使我感动不已。

虽说我收藏钟表数十年，却从未见过日晷实物，所看到的只是画报上模模糊糊的形象，这次才真正见到日晷真面目。经反复仔细观赏，方知古人设计的日晷并不像我原来想象的那么简单，至少有三个方面还是很科学的。

一、日晷面上一圈刻有子丑寅卯辰巳午未申酉戌亥十二个时辰，一个时辰划分为两个小时，一昼夜24个小时，与现代钟表的设计单位基本相符。

二、日晷的上下两面都有同样的时辰刻度，以适应不同季节的日影偏移位置，如"春分"到"秋分"之间看上面的刻度计时，"秋分"之后到"春分"则以下面的刻度为准。

三、设计者还必须根据日晷所在地的经纬度，设计出不同斜度的日晷，才能适应不同地区的日照投影角度，保证时间正确，也就是说一只日晷并不是全国通用的，而须"因地制宜"。由此可见，日晷虽在形体上貌不惊人，朴实无华，但却反映了数千年前我们的祖先在天文学、地理学和计时原理等方面已有颇深的研究。

1984年沙米李先生来信说，他在加洲大学讲学时说中国在四千年之前就有了计时器，但有些外国人不相信这一说法。他引用了《淮南子》中的"禹不贵尺璧，而重寸阴"的一段话，证明中国在大禹时期已经有了计时器。他还要我将日晷印成拓片寄给他作为今后讲学的论证实物。

这位身居海外的炎黄子孙，为了弘扬祖国的灿烂文化，真是用心良苦，不遗余力。

1995 年 12 月　《中国民间收藏集锦》

得宝录

珐琅质钟面的南京钟

收藏古钟表多年，一直盼望能拥有一只中国制造的珐琅质南京钟。年初，机会终于来了，江苏东台的一位中学校长从《人民画报》上结识了我，一定要送一只祖传古钟给我。因年久失修，古钟已破烂不堪了，骨架都散了，装在一只纸盒子里送到上海。我给报酬他坚决不收，后来我听说他要买一台电风扇，我就将家中一台置之不用的新电扇赠他。这样也就各得其所，聊表心意。

经过两个多月的努力，机械和红木壳子才修复，经几位同好评赏鉴定：从钟面上的珐琅画来看，是用中国画的笔法描绘的五彩勾金山水，画面的右边是山水、花鸟、茅屋，水榭亭中有人在看书，非常安逸；左边是一所建筑在中国农村的"洋教堂"，有一穿红衣的外国神甫左手撑阳伞，右手拿"司的克"（也叫文明棍）走出教堂，好像要去拜访对面的读书人，看上去比较宁静，大家和睦相处。由此分析，此画应该是鸦片战争之前所作。另外，从机械制造来看，钟内动力发条还是手工敲打出来的早期工艺；面子上的两根针是典型的乾隆年间的式样。因此断定此钟为乾隆时期的产品，最晚也不会超过嘉庆。因此谬称一"宝"，尚希同好赐正。

1987 年 2 月 15 日《爱好者报》

更钟

更钟

　　去年秋天，闸北区革命史料陈列馆举办的一次藏品欣赏联谊会上，各路藏家云集，交流心得，欣赏藏品，其情融融。被收藏界称为热心人的温举珍先生特意赠送我一只更钟。一般说上海人对送钟似有忌讳，温先生为了避开这不吉利的忌讳，巧妙地说成是藏品交换，只要我象征性地回赠一点藏品即可。由此可见，温先生被大家赞誉为热心人，名不虚传。

有了这只更钟，从此又弥补了我的藏品中的一个缺门。所谓更钟，并非旧时敲锣击梆的更夫所用，实为工厂企业、机关学校的警卫人员定点定时巡逻检查工作考核之钟。巡逻人员身背此钟定时到每个巡查点去检查，每个检查点有一把固定的开钟钥匙，所到之处用此钥匙伸进钟内一拨，钟内纸盘上便能打印出巡逻时间、地点的硬印。如果巡逻警卫人员，工作不负责任或者睡大觉，第二天管理者可用专用钥匙打开后盖，一查纸盘上打印的时间记录便知，万一在漏检时间内发生事故，便可追究责任者，此时说谎哄骗是无济于事的。

更钟外有皮套和背带，钟面处还有铁丝护网，以防跌打碰撞捩坏钟面玻璃，很是坚固耐用。因此在 20 世纪二三十年代，军队也用过这类钟，一个连队能有这样一只钟，已是很不寻常了。行军时由司号员背在身上，掌握行军打仗和作息时间，司号员有了这种钟，吹号发令时间也就准确多了。

据说军队用此钟是从拿破仑时代开始的，因此也有人称之为拿破仑钟。

1990 年 7 月 13 日

清代珍品——"南京钟"

【编者的话】在我国众多的博物馆中，你可知道有个家庭钟表博物馆吗？它是我国著名钟表收藏家王安坚创办的国内第一个家庭博物馆。人大常委会副委员长周谷城特地为这个博物馆挥笔题写"钟表之家"赠词。有关王安坚的情况1984年12月29日《人民日报》曾有报道。本刊特约王安坚同志撰文，为读者介绍清代珍品"南京钟"。

"南京钟"，顾名思义是南京制造的钟，出自清代末年，因造型似小屏风，亦名"插屏钟"。由于这种钟是本国制造，为与舶来品"洋钟"有所区别，人们又称它为"本钟"。

"南京钟"不仅在南京制造，苏州、扬州、上海等地亦有制造。上海"美华利"制造的"南京钟"，颇具特色。

美华利创办于1875年，是中国人在上海最早开设的一家钟表店。

因其做工精良，造形美观，走时性能可靠，曾于1915年参加巴拿马万国博览会，获得金质奖章，在国际上赢得了荣誉。

"南京钟"现已成为国际上收藏家企求的古董宝物，很多华侨、外宾到中国来以能买得"南京钟"为幸事，"南京钟"何以成为珍品，其因有三。

一、"南京钟"的制作年代大多是清代末年和民国初年，有的还是清代中期产品,可谓年代久矣!为古董之列。更重要的一条因素,它都是手工作坊制造,当时的作坊规模都很小,每个作坊仅有两三人至四五人不等。每个钟从头到尾基本上都是由一个人完成的,一个月也只能做一架钟而已(红木架子、链条等另有作坊制作)。清光绪末年是南京造钟作坊的兴盛时期,而从事造钟的工匠还不满一百人。到了民国初年,因外国的廉价"洋钟"大量来华倾销,当时的政府没有相对措施,对民间的手工业作坊又不扶持,因此这些造钟作坊很快就相继倒闭。加之"文革"时期,大量文物被毁,致使"南京钟"越来越减少,寥若晨星,因而物以稀为贵。

二、"南京钟"设计巧妙,结构独特,不是生搬硬套别人的东西。为了保证"南京钟"走时能长达十五天左右,设计者采用既长又阔的发条作原动力。但一般钟如果发条过于长阔就会产生先快后慢的弊病,而"南京钟"则不受影响,因其机内设计有链条式发条恒转装置(锁引装置),也就是俗称链条塔形轮装置,这样能使发条放松的能力始终保持均匀,从而也保证了走时的稳定性和准确性。此外"南京钟"的擒纵机构也很别致,它采用冠形朝天斜齿轮,刀口式硬摆,也有一部分"南京钟"采用窗孔式丁字轮朝天摆,摆动时节奏清楚有力,看上去都是非常有趣的。所有这些结构设计都保持了钟表制作的古老风格。

三、外观造型典雅别致,富有我国民族传统特色。黑白分明的瓷面,镂空花式长三针,配上金碧辉煌的铜饰版,版面上镶刻的花纹有"八仙庆寿""渔樵耕读""双狮盘球""五福捧寿"等吉祥如意的图案。钟的外壳和架子也都是用红木精雕细刻而成,有的架子雕上"松鼠萄葡",有的架子雕上"葫芦攀藤",造型惟妙惟肖,栩栩如生,各有情趣,使人百看不厌。如果再与莘莘红色木家具匹配,色彩尤为协调,更显得庄重典雅,富丽大方,称得起"配套成龙"了。

"南京钟"整机内外用料都很考究,说它是一件完整的、出类拔萃的工艺品是当之无愧的。有了以上这些特点,怎能不被当今觅宝成风的人们视作古董宝物呢,加上它至今还能正常运转,在大江南北还有一些人家在继续使用它。本人也收藏了几只,从其内在质量和运转磨损情况来分析,因其夹板厚、轴头细,磨擦系数极

微，只要保养使用得当的话，再运转一百年也是不成问题的。

提起"南京钟"，我的心情就不能平静，有很多话要说。有些人至今只知"洋钟"之精，不知"本钟"之巧。其实"南京钟"早已成为炎黄子孙的一大骄傲，但可惜的是有关方面对"南京钟"的过去和现在并不太重视，任其外流，任其散失，任其敲碎卖铜。有些人对"南京钟"甚至不屑一顾，好像"南京钟"算古董文物还未排上号呢！因为中华大地的宝物太多了，就连春秋战国、先秦两汉、唐宋元明的东西还来不及收拾整理，更何况清末民初的近代时钟！说到这里不妨谈点国外对钟表的态度，欧美暂且不论，仅说一点苏联的情况。据1981年2月18日《参考消息》报道：莫斯科1月12日电，苏联新发布了一项法令，由苏联文化部通知各国驻苏使馆，严禁携带六十五种"珍贵文物"出境。这份清单中就有禁止1945年之前制造的钟表携带出境，难道我们就不能从这条消息中得到启发和借鉴吗？

我以为，"南京钟"应有的特殊地位毋庸置疑。大江南北的几个主要博物馆（如南京、苏州、上海、扬州、泰州等）都应有"南京钟"的收藏和陈列。为前辈工匠写书立传，让子孙后代知道前人在什么条件下造出如此精巧的"南京钟"，让更多的人亲眼看到前人造的各种"南京钟"实物，对后人不无教育吧！

1985年第5期《科学浪花》

清末上海的陆上交通

英国侵略者于道光二十二年（1842年）迫使清政府订立《南京条约》，开放五口通商。上海开埠后，交通运输工具简陋，路上仍以肩挑、人扛以及独轮小车运输为主，小车又有江北小车和丹阳小车之分。江北小车可载两人，丹阳小车一人独坐。小车初来上海多在南市、闸北用于载货运输，稍加装饰后即可载客，初为纱厂女工乘坐较多，继而推广至士商及妇孺亦坐之。因此独轮小车称得上是上海最早的客货两用车。

同治五年（1866年）前后，上海马车风行，车身大多仿照外国式样，车有双轮与四轮之分，马有单马与双马之别。车可坐三四人至五六人不等，市内出租马车的马房几乎各街都有，唯以龙飞马车行最负盛名。

同治九年（1870年）前后，外商从日本将黄包车引进上海，所以上海人亦称黄包车为东洋车。因其车轮是橡胶胎，行驶平稳，运行轻便，远比独轮车为优，故乘坐者渐多，穿街走巷亦很方便，曾风靡上海。到1878年，上海黄包车已发展到两千辆。

光绪二十七年（1901年），汽车（当时叫自动车）第一次由匈牙利人李恩时(Leinz)运来上海，此举为上海有汽车之始。车身外型近似当时的有篷马车，车轮是木质轮辐，实心橡胶胎。当时工部局亦不知汽车应归入何种车辆，只好暂时列入马车捐照。

光绪二十八年（1902 年）上海马路上出现行驶的汽车，使用这辆汽车的是一位西医，从此汽车渐兴矣。在此之前，虽已进口过两辆，但未见功效。

光绪二十九年（1903 年），工部局发出汽车的执照，从第一次进口汽车开始，时隔三年上海也仅有汽车五辆。

光绪三十年（1904 年），开工兴筑沪宁铁路，至 1905 年年底，上海至南翔段筑成通车。1908 年上海至南京全线筑成，从此沪宁线全线通车。

光绪三十一年（1905 年），上海拥有的各种车辆数为：自用人力车五千二百五十辆；营业人力车六千六百二十九辆；自用马车九百十八辆；营业马车六百七十七辆；小车六千七百八十七辆；榻车九百二十五辆；汽车已有三十一辆。

光绪三十三年（1907 年），外白渡桥钢桥建成，并拆除了 1873 年架设的木桥，方便了苏州河南北交通。

光绪三十四年（1908 年），上海第一条有轨电车线路，从静安寺至外滩通车，是为上海有电车之始。但市民害怕触电，所以乘客寥寥无几。

1908 年，第一家由外商经营的出租汽车行开始营业，以时计费，第一小时为五元，第二、三小时为四元，全天包车以八小时计为二十五元。

宣统元年（1909 年），沪杭线筑成，并全线通车。

宣统三年（1911 年），上海出租汽车行业已初具规模，东方汽车行从法国输入"雷诺"牌小客车，装有计程计费表，每车可乘四人，并在外滩等地设营业站点五处。

1986 年第 2 期《交通与运输》

浅谈参政议政

王安坚在参加市政协会议

上海市政协七届一次会议于四月十八日开幕，会议共进行了 10 天。这次会议言论开放，新闻透明，批评意见尖锐，都是历次政协会议所没有的，体现出社会主义民主政治已成为不可逆转的大趋势，应该说这次会议是一次成功的会议。

我以一名农工民主党成员和私人钟表博物馆创始人的身份，被推选为上海市七届政协新委员，内心感到无比激动。激动之余又深感"政治协商"这四个字的责任重大，也可以说当今的政协委员已不是摆摆样子的"名誉头衔"了，而是应该增强

王安坚曾使用过的政协委员记事手册

王安坚在参加市政协会议时的出席证

自己的参政议政意识，何况中央的"两会"活跃气氛已为我们树立了榜样，怕这怕那的顾虑是完全没有必要的。我就将自己所了解的情况 ——如陆家嘴轮渡站的事故起因以及善后工作处理的实际情况作了坦诚发言，发言的目的是要求找出事故的真正原因，吸取事故教训，以便引起有关领导的重视，今后为人民多办一点实事。另外，我还就继续提倡精神文明的重要性以及各级干部任免的改革等专题发表了意见。我的发言受到大会秘书处的重视，并将我的发言印成简报分发给每位委员和有关领导。

这届政协会议的特点是：新委员都发言踊跃，敢于接触敏感的实际问题，敢于讲真话。有关领导也能到会耐心听委员的诤言，发言者也是言必有据，言必有方。委员们普遍认为，当了政协委员就要参政议政，会议为委员们提供了很好的讲台。知道情况和问题假使不讲话，这就是自己的失责了。因此，这次会议反响也是好的，市民们在电视上也基本看到了实况，普遍反映这次会议充分发扬了民主，敢于让人讲话，透明度也高，如此这般，中国的改革是有希望的。

我在一次由谢希德同志主持的座谈会上说过：希望这届政协委员会在新的形势面前要有新的面貌。政协委员也要从自己做起，不妨从"小事"做起，做一个名符其实的政协委员，切莫虚度五个春秋。每年实实在在做几件实事，调查考察要在实效上下功夫，做了实事心里亮堂，政协委员也就没有"白当"，话也没有"白说"，人们也会更重视政协的作用，这些也是我的参政议政的一点心愿。

1988 年第 5 期 《农工沪讯》

书画学习班生意盎然

文化俱乐部为了适应委员们的要求，今年三月份开办了书画学习班，报名参加者十分踊跃，所属界别也较广，有老干部，有文艺工作者，有教授学者，有出版社总编和机关工作者等。他们中很多人过去也时常接触到书画，对书画有一定感情，但是多数人过去因工作忙而没有系统学习，都想通过这次学习，提高自己的书画创作能力和鉴赏水平。

汤兆基老师是市政协常委，所以师生之间彼此感情融洽，也就比较随便一些。关键的第一课是这样讲的，他说："书画并不难，只要大家认真学，保证学习结束后，大家的作品也能送人欣赏。"这番话可把大家逗乐了，因此也就增强了学习的信心。汤老师讲的书画理论深入浅出，但更注重课堂示范。学员在老师的示范引导下也都拿起画笔练习，开始时，画得不怎么样，但老师对每人的书画习作都逐一进行指导，甚至当场添上几笔，经过老师烘托润色就不一样了。总之这次学习班是"务实型"的，因此学员和老师的热情都很高，进步也很快。尽管大家工作很忙，但每周六下午画室里总是济济一堂，大家认认真真运笔挥洒，很像个课堂的样子。有些同志还说，进了课堂浑身轻松愉快，不仅学习书画还有益健康。

三个多月过去了，学习成绩到底怎么样？普遍都说，学与不学大不一样，如黄浦同志一直爱好书画，通过老师指导进步很快，他画的大串葡萄色彩分明，层次清晰，很见功夫。但他更爱画老虎，他画的老虎有各种姿态，有上山虎，有下山虎，

当年王安坚的部分绘画工具

他说:"我属虎,所以更爱画老虎。"赵志良同志画的花卉与众不同,怡红快绿独具一格,大家评论说:很有上海郊县农民画的风格,这种风格的形成很可能与他多年在郊县工作的生活体验有关。温可铮教授的山水画很有特色,渲、染、皴、擦既有传统又有创新,每次交来的作业都有新意。最出成果的大概要数陈浩同志了,他的书法"颜底柳面",笔笔见功夫,他写的"健身三字经"行书条幅已成为班上的"抢手货",大家都争先恐后地要他的"墨宝",连汤老师也向他求了一幅。他的作品既可欣赏书法又可掌握保健要诀。这也说明了老师在开学时说要达到的目标已经基本实现了。

学习班即将结束了,但大家还希望能继续办下去,文化俱乐部已有新考虑,等过了炎热的夏天后,力争继续再开班,并争取更多的委员来参加学习。

诗情画意砚中来

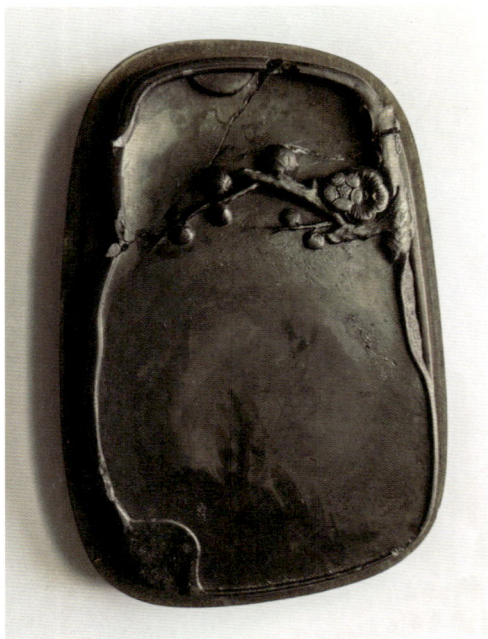

王安坚常用此砚台写字绘画

　　20世纪50年代末我在南市艺校跟几位国画大师学画，课间老师时常谈及端砚的好处。从此端砚成为我脑子里的思念之物。

　　在"文革"后期，一天我路过虬江路，偶见地摊上有旧砚数方。我俯身仔细看来，发现其中一方的石质和造型与众不同，颇似端砚，但一时又难以吃准。摊主也不识货，问不出什么名堂。反正要价不多，还是花五毛钱先买下，带回去研究！到家后，我用清水洗去厚厚的墨渍和陈年老垢，端砚的尊容顿现眼前。只见它的质地腻而不滑，色泽黑里透紫。尤使人赞叹的是砚池边的立体浮雕竟是一株惟妙惟肖的枯枝老梅，刻工之精，几乎可与已故刻砚大师陈端友的作品媲美。

有一次诗友陈从江先生来访，见此砚后连声称赞："这是一方难得的诗情画意兼备的好砚。"他剖析此砚的画面构图是根据北宋诗人林和靖的名作"山园小梅"中的"疏影横斜水清浅，暗香浮动月黄昏"的诗意雕刻而成。

砚台上的画面，一经陈先生引用这两句诗来点破，愈看愈入意境。你看，一杆粗壮梅枝斜横水池之畔，一池清水，偶尔渗进墨汁点点，自然渲染，犹如夜空浮云。倒映在池水中的半只月亮忽隐忽现，尽管砚上一个字也没刻，但诗句已经入了画，这大概就是艺术上的意境表现吧！

1986 年 3 月 1 日 《新民晚报》

我的学习成长之路

一、青年时代

解放后青年人热血沸腾，我和大家一样，为了美好的未来决心为新中国的建设献出自己的一切。不久我参加了工作并加入了青年团，常常是工作不分昼夜，真可算不计报酬忘我劳动。因参加工作早、读书少、文化低，这些都是自己最大的不足之处，于是抽出时间上夜校读书学文化。求知好学在当时是一种普遍的好风尚，但因当时政治运动多，夜校也就不正常了。一切只能靠自觉学习了，但我知道自己知识面不够宽，因此什么都想学一点，业余时间都给充分利用了。

回忆起青年时代受过的教育，真是永远铭记在心，终生难忘。有些教导已成为激励我上进的座右铭，如当时团市委书记张浩波同志在对团员作的一次报告上曾说："青年人要好学，有知识才有力量，青年人的一生工作要经得起下一代的检验。"这些话很简朴，但却成了我前进中的一种动力。

二、自寻门路

人到了而立之年应该说是逐步走向成熟，工作精力最旺盛的时候。

而立之年的人想象力是丰富的，而我又是一个不甘寂寞的人，当时受到"左"

134

的影响，人家不理解我。我时常告诫自己，自己可不能自暴自弃，无所事事地混日子，工作就应该热心，学习就要认真，业余文化生活要丰富多采，这样人的生活才充实。我工作之余靠剪报，翻辞海等，专心地学习研究起金石书画、文物考古这些玩艺，寻找自己的乐趣。那个年代对这类事感兴趣的人不多，后来又有了发展，爱上了古钟表的收藏和研究。因古钟表色彩和造型真可谓千姿百态，制造技术之奇巧更为独特，不论从艺术角度还是历史的价值，都是值得收藏和研究的，何况对钟表史研究更是冷门，感兴趣的人不多。但我工资微薄，还有"四只书包"，日常开销已很拮据了。个人生活只好一切从简，与烟酒绝缘，衣食从简，一分钱恨不得掰成八瓣花。活到五十岁还从来没做过一次生日，但只要发现好的古钟表就不惜一切代价也要千方百计买下。有时为了买下心爱之物，还不惜把家中仅有的一两件像样的衣服变卖掉，家里人也被我感化了，倒也没有什么埋怨。到了20世纪60年代我已收藏到各种古钟表100余只，尽管这些钟表都是全家人从牙缝里省下来的钱，堂堂

王安坚的绘画作品

正正买来的，却不敢轻易示人，全用废纸包上，藏到床铺底下打埋伏，好像是偷来的赃物。因为这些东西随时随地会招来麻烦，什么"封、资、修""崇洋媚外"的帽子随时会扣过来，最客气的也会被认为"玩物丧志""小资产阶级情调"。尽管花了全家人的心血，买了这些"宝贝"，但却天天提心吊胆，真叫作出钱买罪受。

三、劫后余生

提心吊胆不是没有道理，不久"文革"发生了，锣鼓震天响，到处破"四旧"。我当然也难以幸免，大会批，小会斗，大字报满天飞。尽管如此逆境，但我收藏钟表的兴趣始终未减，因为我觉得我所做的事是正确的，也就无所畏惧，我行我素。下班后我照样去"淘"我的古钟表，研究我的古钟表。十年"文革"总算结束了，我很庆幸，这些钟表经过十年浩劫还能保存下来。

四、乐在其"钟"

想不到十一届三中全会后，"左"的东西受到清除，党实行对外开放政策，同时也大力提倡丰富职工的业余文化生活，提高中国工人在国际上的形象。我的这些古钟表也有了用武之地，上海市总工会文化宫动员我们把藏品拿出来办一次示范性展览，对外也可显示中国工人的文化素养。1981年，我第一次把所藏的古钟表拿到市工人文化宫办展览，展览名称为——上海市职工第一届"八小时以外"的业余文化生活集锦。当时很多外宾参观了展览后都不相信这些是普通职工的藏品，讲解员怎么讲解他们也不信。他们认为，中国的这些东西在文化大革命中已被破坏光了，更何况是一个普通职工，绝不会有这些东西。还说，只有他们外国人才有条件收藏这些东西。说老实话，也难怪外国人不相信，如果没有个人的潜心收藏和十一届三中全会的对外开放政策，这些东西是不可能拿出来办展览的。当然我听了这些话是很不服气的，决心努力收藏研究古钟表，充实藏品内容，以显示中国人的力量。外国人能办的事中国人也能办的，我于1983年首创国内第一家私人钟表博物馆。新华社、中新社向全世界发稿，国内主要报纸和海外几十个国家和地区的报纸报导了这一消息。有些外文报刊整版地报道，也可以说是一次轰动，称赞惊讶的不少。但也有些外国人不相信这是事实，甚至说是条假新闻，如英国《每日电讯》报就专门派一名能讲一口标准普通话的"中国通"记者登门查访。他详细地核实后，觉得不是假新闻，说了一声"对不起，打扰了"后就走了。

所有这些也促使了我对钟表的研究，并有系统地收集古钟表的文字史料。有一次我在《辞海》上翻到一条"瑞士那丁牌天文钟为世界之最佳"的条目，根据这一信息，我经过多年寻觅，终于收集到一只"那丁"天文钟。1986年还应南京博物院之邀，为该院检修鉴定了一批赴港展出的原故宫珍藏钟表，受到南京博物院的高度赞扬。随后我又受北京故宫博物院委托，通过英国钟表爱好者威文先生，查找到了故宫64只钟的文字史料，掌握了这些钟的家史，因此被中国博物馆学会破格吸收为会员。1990年春，上海博物馆也请我为其鉴定一批古钟表。

近年来结合我的专业和实际情况，我搞了两个专题收藏——"交通工具之钟表"和"中国古代计时器"，其中也有一些是目前还不为人们所重视的稀世珍品。更重要的是，我搞钟表史研究，写了《钟表史话》《上海塔楼大钟》《上海钟表手工作坊的调查》和《清王朝对钟表的贡献》等论文，受到了有关方面的好评。有些史料都是空白点，也是前所未有，我还在继续编写中。

数年来报刊杂志、电视、电台对我也时有宣传报道，因此吸引了世界各地的爱好者登门来访，其中有美国的考古专家，英国的教授，日东的收藏家，比利时、丹麦的钟表爱好者，日本和澳大利亚的工会代表团等。更令人高兴的是，英国驻上海总领事欧义思先生和夫人、孩子一家四口，在市委宣传部外宣处的同志陪同下，于1988年11月28日晚上光临我的钟表博物馆，他们对私人钟表博物馆极感兴趣，还写下了非常美好的题词。

1989 年年底，台湾地区中视公司还专门来拍《信心一百》的专题片，据外事部门介绍，这是台湾地区的电视台首次来大陆民间采访。

　　写到这里也该告一段落了，回忆起我的四十年，前进中有失有得，道路虽然坎坷曲折，但我对人生还是充满了理想和希望，不论在什么样的逆境中，学习和研究从未间断。以前英文我一天未学过，但目前我已能用字典翻译一般资料和信件，不论在什么工作岗位上，我们都应发出光和热，坚信社会主义是要靠每一个人在不同岗位上去奋斗才能实现，坐等、空想、幻想是实现不了社会主义的。

写于 1990 年 7 月 7 日

媒体报道集锦

王安坚先生的开拓之举
——弘扬海派藏家精神论述之五

本报编辑部

在今天，民间博物馆正以势不可挡之势潮涌于华夏大地，它正以强劲的生命力，彰显出民间保护文化遗产的重要意义。然而，我们不禁要问，是谁在改革开放后率先创办起我国第一家民间博物馆的？他就是著名已故海派收藏家王安坚先生，他于1983年4月9日创办了"王家钟表博物馆"。

王安坚（1930—1990年），钟表收藏家，江苏盐阜籍。出生于苏北农村的他，原在轮船码头当理货员。解放后，被调到长途汽车运输公司担任安全员工作。其时在公司门口有个修钟表的摊铺，出于好奇心，王安坚与那修钟表的师傅搞熟了，于是跟他学会了修理钟表的技术。钻研修理钟表技术，需要经常拆修玩弄各类不同结构的古旧钟表，就这样使他走上了收藏古钟表之路。那时，王安坚月工资70多元，要负担一个家庭四个孩子的生活，为搜集钟表，他只得节衣缩食，烟酒不沾，挤出钱来购买钟表，其中的艰辛由此可知。20世纪60年代初的一天，王安坚在一家旧货商店发现了一只雕花的瑞士打簧表，顿时眼睛一亮，可再一瞧价格，心又沉了下去。回到家里，他寝食不安，妻子以为他病了。当得知事情原委后，夫妻俩合计半天，决定将结婚时为妻子添置的一件大衣卖掉，凑足钱款，将那只瑞士古董表买了下来。功夫不负有心人，王安坚先生终于成为了上海滩有名望的钟表收藏家。

王安坚不仅是一位资深的收藏家，更是一位有着高尚境界的海派收藏家。有一次有人愿意高价收购他的藏品，被他和家人嗤之以鼻。第二次，有人提出愿租用他

的全部藏品，到全国各地巡回展出，所得盈利与他拆账分成，也被他婉言谢绝。而正是这位收藏家在搜集钟表的同时，又擅长修理钟表，几十年中他为别人修理了不计其数的钟表，有人说他是赔钱费事。但他看到那一只只废旧钟表在自己手中恢复了青春，啼听着"嘀嘀嗒嗒"的前进曲，他的心就沉醉了。这就是一位海派收藏家的别一番"钟"情！

王安坚先生留给后人的是他的开拓之举。"文革"期间，由于受到政治冲击的影响，很多藏界人士都是胆颤心惊，奉行着秘不示人的传训，但当时的人们对文化艺术的渴望又是史无前例的。1981年秋天，王安坚走出家门，在市中心人民公园第一次向社会公开展出了他收藏的古旧钟表，在引起轰动的同时，一位海派收藏家敢为人先的举动，获得了社会的肯定。在此基础上，也在家人的热情支持下，王安坚先生作出了更大的举动，1983年4月9日，他利用自己在永兴路居室创办"王家钟表博物馆"，这在当时是破天荒的事情，当天的《解放日报》刊发了记者陈发春的图文报道："三十年收集古稀钟表一百只，王安坚办起家庭博物馆。"

这是三十年前的一段旧闻，但却是中国当代民间博物馆前进的第一步。王安坚先生的开拓之举，为海派收藏留下浓艳的一笔！永远值得我们缅怀。

2012年7月10日上海《收藏家报》

三十年收集古稀钟表一百只
王安坚办起家庭博物馆

【本报讯】上海长途汽车运输公司干部王安坚最近在家里办起的一个别开生面的家庭钟表博物馆，引起了有关方面人士的极大兴趣。

王安坚今年五十二岁，他从二十多岁开始收集钟表，花费了三十年心血，在业余时间用每月积蓄收存了各种中外古旧稀有钟表一百多只，同时还掌握了各种钟表的修理技能，使这些上百年的老古董重新运转。走进他的家里，人们仿佛走进了一个钟表世界。他家里的玻璃柜里和墙上到处都摆满、挂满了由美、英、法、德、日、瑞士以及我国清代生产的各种钟表。这些钟表大的高达二点五米，小的却不足一寸；走时长的达四百天，有一只最小的挂表也能走八天。这些钟表不但结构精巧，而且性能多样，能根据需要敲出各种叮咚悦耳的音乐，给人以美的享受。

王安坚对记者说，收藏钟表是他平生的最大嗜好。他说："由于这些钟表不易复制和仿造，不收集起来非常可惜。现在，我把自己收集来的钟表办成一个家庭钟表博物馆，不仅可以让更多的钟表爱好者一起来欣赏，而且，对今后我国钟表事业的发展，也将提供丰富的参考资料。"

1983 年 4 月 9 日 星期六《解放日报》记者陈发春 毕品富摄

王安坚钟表藏品展出

【本报讯】由市交通运输局工会和人民公园联合举办的"王安坚钟表藏品展览",昨天起在人民公园内展出。广大观众可以欣赏到本市长途汽车运输公司干部王安坚三十多年来静心收集珍藏的一百多只中外稀有钟表。这些都是 18 世纪后期到 20 世纪初期英、法、德、日、美、瑞士和中国清代的各式钟表,其中美国考古专家沙米李赠送的中国古代计时器日晷,将首次同观众见面。

1983 年 10 月 1 日星期六 《解放日报》 (朱大新、张健夫)

本市举办钟表藏品展览

【**本报讯**】从九月三十日起，市交通运输局工会和人民公园联合举办"王安坚钟表藏品展览"。

本市长途汽车运输公司干部王安坚静心收集珍藏的一百多只中外古稀钟表，都是 18 世纪后期到 20 世纪初期英国、法国、德国、美国、日本、瑞士和中国清代的古董。

藏品中还有美国友人最近赠予王安坚的一只中国古代计时器——日晷。

1983 年 9 月 29 日星期四 《新民晚报》 （朱大新、张健夫）

漫游"钟表之家"

最近，在市中心人民公园内出现一个"钟表之家——王安坚钟表藏品展览"，它将把你带进一个奇妙的古钟表世界里。

超级大钟

你看，矗立在舞台左角的那只落地报刻钟，来自法国，它高达七尺半，可说是展览会上的一座"超级大钟"。而走时最长的要数那只德国制造的钟了，上一次发条可连续运行四百天，从侧面还可以看到机芯走动的情形。不过论资历，它还只能属"小字辈"，才五十多年的历史呢！

"老寿星"钟

你注意到玻璃柜里那只黄机团挂表吗？别看这位来自英国的"移民""衣冠不整"，连"内脏"都看得见，它可是真正的"老寿星"呢，少说也有三百岁高龄了。与它相比，那只19世纪法国造的双马战车钟就显得相貌堂堂了——两匹骏马拉着战车，昂首扬蹄，犹如一座精美的雕塑；而它的钟面又被巧妙地安放在车轮上，真可谓独具匠心。

古代"日晷"

中国早在四千年前就发明了计时器。展览会上那只日晷就是好几百年前的"钟"。它是一位美国人从报上看到王安坚收藏钟表的报道，来上海特地赠送给他的。如果说这只日晷代表了古代中国科技水平的话，那么，玻璃橱窗里那几只精致的南京钟则标志着中国的造钟工艺在 18 世纪时已达到了相当水平。南京钟在 1903 年巴拿马国际博览会上还得过特等奖呢！

一见"钟"情

这些古钟表大多是王安坚同志近二十多年来利用业余时间从旧货店、地摊上"沙里淘金"得来的，有不少还是经他一番手术后才"起死回生"的呢。王安坚平时生活俭朴，烟酒不沾，但一见"钟"情，展品中那只"老刀牌"香烟广告钟就是不久前他去苏州出差时，从一个体户小店中觅来的。

在王安坚的影响下，他全家都爱上了钟表。全国人大副委员长周谷城还特地为他题词"钟表之家"呢！

1983 年 10 月 15 日 星期六 《新民晚报》周骏 刘开明摄

家庭钟表博物馆又添珍品
钟表收藏家王安坚迁新居

【本报讯】我国著名钟表收藏家王安坚创办的家庭钟表博物馆日前迁入新居，重新布置后，钟表陈列大为改观。

当年上海市交通运输管理局领导参观钟表博物馆时与王安坚合影

　　王安坚是市长途汽车运输公司的干部，今年五十多岁，他首创的家庭钟表博物馆在国内外引起了强烈反响，前来参观的国内外观众络绎不绝。全国人大常委会副委员长周谷城为王安坚书写了"钟表之家"。美籍华人沙米李先生看到《中国日报》的消息报道后，从千里之外赶来，向王安坚赠送四百多年前的中国古代计时器——日晷一具。许多外宾参观后对王安坚的收藏工作给予了高度评价。

　　　　　　　　　　1984 年 9 月 11 日　《解放日报》（记者　陈发春）

钟表收藏家

上海市交通运输局职工收藏协会成立时，王安坚在成立大会上发言

　　欧美、日本等一些国际友人，都知道中国有一个钟表收藏家。他叫王安坚，是上海长途汽车运输公司的一位普通职员。54年来他节衣缩食，刻意搜集了一百多只形形色色的中外古钟表。这些古董大多是18世纪后期至20世纪初期的德国、法国、美国、日本、瑞士和中国清代的古钟表。

　　王安坚是从业余修理钟表开始而产生收集钟表的浓厚兴趣的。平时他烟酒不沾，生活节俭，但一见"钟"情，如醉似痴。一次他在旧货店里发现了一只很少见的南京钟，这是我国在一百多年前用手工制造的钟，它标志着当时我国造钟工艺已经达到相当的水平。王安坚用准备过年的钱购买了这只古钟。为了收集钟表，他甚至把妻子在结婚时买的大衣都卖掉了。

去年，王安坚办起了我国第一个家庭博物馆，接待了一批又一批中外参观者。走进他的家里就像走进了一个钟表的世界，琳琅满目，千姿百态。最高的一只法国落地报刻钟高达二点五米，最小的一只瑞士珐琅表直径不到三厘米，最重的挂表将近一斤，最轻的怀表则不足一两。有一只德国造的座钟上一次发条可走四百天。更令人叫绝的是，有一只瑞士挂钟，走起来竟会发出像舞曲一样的"蓬嚓嚓、蓬嚓嚓"的声音。

一位德国钟表制造家的后代，参观后在留言簿写道："这是我所见到的最有趣最精致的钟表展览，它们都是造钟大师的杰作，任何外国博物馆都将很高兴地收藏它们。"

全国人大副委员长周谷城先生特地为他书写了"钟表之家"的题词，并鼓励他百尺竿头更进一步。

1984 年 11 月 16 日《深圳特区报》吴少华

王安坚家庭钟表博物馆巡礼

　　1983 年，王安坚在上海创办了一个家庭钟表博物馆。开馆以后，他接待了一批又一批中外来宾和参观者。全国人大常委会副委员长周谷城特意题赠了"钟表之家"的条幅。美籍华人、考古学家沙米李先生在《中国日报》上看到消息后，专程赶到上海参观，并将自己保存的一具我国四百年前的计时器——日晷（guǐ）赠送给了王安坚。

　　现在，让我们也进入这个家庭钟表博物馆作一番巡礼吧。

四百年前的计时器——日晷

瞧，那只猫头鹰挂钟正在朝我们招呼哩！它的眼睛一眨一眨，正在走动，一到报时，嘴巴就自动张开鸣叫。这是日本20世纪初期的产品，木质外壳，内部机件用材省，造价低，因而市场竞争力强，仍可为钟表厂家借鉴。

啊！这座嵌在屏风一样的红木架上的"南京钟"，是我国清代工匠们手工制造的。钟面镀金并镌刻着传统花纹，庄重典雅，具有鲜明的民族风格，至今走时准确，鸣声悦耳。它说明十八九世纪时，我国时钟制造工艺已达到相当高的水平。这架钟曾在1915年的巴拿马国际博览会上获得特等奖。

造型别致的双马战车钟，是法国19世纪的产品。驭手挥鞭驾马，双马腾起前蹄，拉着战车，向前飞跑。仔细一瞧，战车的车轮原来就是一只小钟。它的整体也是一件精美的雕塑品呢。

英国"老刀牌"香烟广告钟，瓷壳，它不但外形美观大方，而且是寿命最长的广告。

美国19世纪的吹笛座钟，装潢富丽，钟的底部和顶端雕塑花卉，一军人倚钟吹笛，妙趣横生。

再往前看，藏品中还有一座高达2.5米的法国落地报刻钟，每隔15分钟就发出悠扬的乐声；而那只德国小钟，直径不足一寸，一把能抓在手心里。走时最长的要数那只德国座钟，上一次发条可走一年零一个多月，故名四百天钟。瑞士造的珐琅表，表中有钟，同步走动，走起来还会发出像舞曲一样"蓬嚓嚓、蓬嚓嚓"的声音。德国18世纪末造的皮统钟，钟内装有三根发条，能敲、能闹、能报时，是现代闹钟的祖先。

这许许多多的挂钟、座钟、落地钟，造型奇巧，工艺精美，又都是一件件计时器和造型艺术有机结合的工艺美术品，谁看了都会赞叹不已，流连忘返的。那么，这个家庭钟表博物馆的主人是怎样搜集到这些珍品的？王安坚今年五十五岁，原是上海市长途汽车运输公司的干部。还在年轻的时候，王安坚就对古钟表产生了浓厚的兴趣并有志收藏。他经常出没于上海以及外地的旧货商场和小摊头上，搜集古钟

表。他几十年如一日，烟酒不沾，省吃俭用，把工资收入的大部分都花在这项事业上了。年复一年，竟收藏了各种钟表一百多件。这些藏品都是 18 世纪后期到 20 世纪初各国的产品。要搜集到这些流散各地的古董和文物，没有一股子傻劲和牛劲，是做不到的！为了购得一只南京钟，王安坚把家里备办年货的钱都用上了。为了一只瑞士打簧表，他把妻子结婚时的大衣变卖了。一次出差到苏州，在一个小店铺里发现了那只英国"老刀牌"广告钟，他费了许多口舌央求店主，才买了下来。有一次，一个朋友偶然说起，有个不相识的人要把一座落地大钟改成床边柜。王安坚一听急了，立即进行抢救，以三只新床边柜为代价，才使那座有一百多年历史的法国落地报刻钟保存了下来。

　　王安坚每得到一件钟表，从制造国到制作年代，从机械结构到制作材料都要进行仔细研究。一次，为了考证一只钟的国别，他把机械全部拆卸下来检查，终于在零件上找到了制造国的钢印，确证了钟的国籍。他常常废寝忘食地翻阅大量资料，走访有关专家，还和一些单位的研究人员交了朋友。王安坚成了名副其实的著名钟表收藏家。他深深地体会到歌德曾经说过的一句话："收藏家是幸运的。"他的这项事业不仅为保护民间文物作出了贡献，而且丰富了家庭的精神生活，给一家人带来了莫大的乐趣。现在他的妻子和孩子们也都成了钟表迷。

1985 年第 4 期《文物天地》吴少华

"钟表之家"

在我国众多的博物馆中，你可知道有个家庭钟表博物馆吗？它是我国著名钟表收藏家王安坚创办的国内第一个家庭博物馆。全国人大常委会副委员长周谷城特地为这个博物馆挥毫题写"钟表之家"的赠词。

王安坚今年五十四岁，是上海市长途汽车运输公司的干部。三十多年来，他凭着一股锲而不舍的"傻"劲，烟酒不沾，节衣缩食，从旧货店、小摊头上，甚至从不相识的人手中，搜集到各类古钟表一百多只，其中有德国、法国、英国、美国、日本、瑞士等国的老古董，也有我国清代的国产钟。这个博物馆的全部藏品，都是18 世纪后期到 20 世纪初期的产品。

在这个博物馆里，最大的钟是已有两百多年历史的法国落地刻报古钟，高达二点五米，每隔十五分钟就发出悠扬的乐声。走时最长的是只德国座钟，上一次发条可走一年零一个月。造型最别致的是只法国造的双马战车钟，双马飞腾前蹄，拉着战车，钟面巧妙地安装在车轮上，整个钟就像一座精美的雕塑。一只瑞士制造的珐琅怀表，表中有钟，走起来还会发出"蓬嚓嚓、蓬嚓嚓"的酷似乐曲般的声音。另外还有日本的猫头鹰挂钟、德国的能敲能闹能报时的皮统钟，美国的瓷壳座钟等。

最令人感兴趣的是那几只清朝的南京钟。钟面被嵌在像屏风一样的红木架子上，大方精美，古色古香，至今走时准确，报时悦耳，标志着我国造钟的工艺早在 18 世纪就达到相当高的技艺。这种钟还在 1903 年的巴拿马国际博览会上获得特

王安坚在欣赏他的收藏品

等奖。

　　"王家钟表博物馆"开办后，在国内外的影响越来越大。它接待了一批又一批中外来宾。其中，有中国科学院自然科学研究所、北京古观象台馆、上海钟表研究所、苏州钟表公司等专业研究单位的同志，也有来自各国的朋友。美籍华人、考古学家沙米李先生还专程赶到上海，将我国四百多年前的计时器——日晷，送给了王安坚。

　　王安坚收集古钟表，不仅为丰富人们的文化生活作出了贡献，也为我国钟表事业的现代化提供了借鉴。最近，在党和政府的关怀下，王安坚搬进了新居，使这个家庭博物馆的陈列条件得到了改善。他有心为保护民间文物作出新的贡献。

　　　　　　　　　　　1984 年 12 月 29 日星期六第三版《人民日报》 吴少华

王安坚的钟表之家

周谷城先生题写的"钟表之家"

　　来到钟表收藏家王安坚家里，恰好是上午十点钟，我们被一阵悠扬的、此起彼伏的音乐声及报时的敲打声，带入这奇妙的小小"钟表世界"。这些声音有的浑厚深沉，有的宛如铜铃，弄不清都是发自哪座钟表。

　　王安坚是上海市长途汽车运输公司的一名普通工作人员，今年五十五岁。三十多年间，他搜集到各类古钟表一百多只。其中有德国、法国、英国、美国、日本、瑞士等国的，也有我国清代工匠们手工制作的钟。这些藏品都是 18 世纪后期到 20 世纪初期的产品。

这些古钟表中，最大的是高二点五米的法国落地报刻钟，已有二百多年历史，每隔十五分钟就发出沉稳浑厚、犹如上海海关钟楼发出的钟声。德国18世纪末造的皮套钟，是把钟套进皮套，挂在身上用的，能敲、能闹，据说是现代闹钟的鼻祖。德国座钟走时最长，上一次发条，可走四百天，故又名"四百天钟"。瑞士造珐琅怀表，设计奇特，表中有钟的图形，既像表，又像钟，特别是走起来，发出"蓬嚓嚓"舞曲的节奏。美国吹笛座钟，一军人倚钟吹笛，装潢富丽，雕塑精美。双马战车钟是法国19世纪产品，双马飞腾，拉着战车，而战车上的车轮原来是一只小钟。日本的猫头鹰挂钟，是20世纪初期的产品，走时眼球和尾巴随秒摆动，张嘴叫声便是报时。特别是1875年由中国上海"美利华"手工作坊制造的南京钟，可说是一件珍贵文物。钟被镶嵌在屏风式样的红木架上，钟面镀金，并镌刻着花纹，造型古朴典雅，具有鲜明的民族风格，报时清脆悦耳。它标志着我国当时造钟的工艺水平。这种钟曾在1903年的巴拿马国际博览会获特别奖。此外，还有盲人表、具有两个秒针的双跑马表，等等。

王安坚原先业余爱好修理钟表，渐渐对古钟表产生兴趣。他从寄售行、旧货摊上见到稀有古钟表，一定会不惜代价买到手，而达些钟表买时大多因年久失修，零件残缺，经他精心修理后，都可正常走时，恢复了原来的光彩。

王安坚从搜集古钟表，进而潜心研究钟表发展史，现在他正着手写作。他说，自己收藏钟表是为了丰富知识和保护民间文物。

1986年第二期《人民画报》李慧明撰文 李长捷摄影

父子钟表迷

展现在读者面前的，是一个五光十色的"钟表大世界"。这父子俩（王安坚、王剑）是有名的钟表迷。老王从二十多岁收集世界各国的古钟表，目前已收藏两百余只。他还办起了国内第一家私人博物馆，接待中外参观者五万余人次，吸引了许多国外考古专家、教授、博士、高级外交官前来寻访欣赏。

1989 年 10 月 3 日 《解放日报》俞新宝摄影报道

乐在其"钟"

　　闻名沪上的钟表收藏家王安坚以农工民主党成员的身份，成为上海市政协委员。就在今春开会期间，英国中央发电局海外部的威文先生远涉重洋寻上门来，要求参观王家钟表博物馆。威文也是位钟表收藏家，在翻译的帮助下，他与王安坚一见如故，长谈不倦。威文对于王安坚渊博的收藏知识钦佩不已，尤其对于王安坚能在中国取得这样的知名度表示赞叹。"在国外，一些腰缠万贯的富翁，只要肯花钱，一夜之间就能成为大收藏家，但若依靠点滴收藏达到这种知名度，确实不太容易。"威文说。

　　的确如此，王安坚收藏于那个并不富裕的年代。二十多年里，他收藏了瑞士、英国、法国、德国、美国、日本等近三十个国家的舶来品，也刻意留心我国的古钟表。他选择的标准是：古拙雅致、奇趣盎然、意义典型。20世纪60年代中期，他偶在旧货店发现了我国19世纪制成的"南京本钟"（插屏钟），谙知这种钟的收藏价值，欲购之时，才知是"四旧"不外卖。他懂得，这种钟当时都是由手工制成，月产一只，产量甚微，在国外已是收藏家竞相争觅的宝贝。见不能买，是令人难受的。好在他又在别处发现，但价极昂贵，他还是千方百计将钟买回家去。"南京本钟"有着浓厚的传统色彩，雕刻精致的红木外壳，黑白分明的瓷面，加上"八仙庆寿""双狮盘球""五福捧寿"等图案，委实令人爱不释手。

　　王安坚因在市交局工作，所以对于交通用钟十分偏爱。他手中的德国17世纪末的"皮统钟"，可算是最原始的驿马交通钟。这种钟经久耐用、简单实惠。钟内三根发条，司职敲、闹、报时，它是现代闹钟的祖先呢。

"双马战车钟"象征着奔驰。驭手择鞭驱车，钟竟在车轮中"嘀嗒"。构思十分独到，不失为法国19世纪传神作品。

有一只看上去极普通的航海钟，两处报刻的平衡线上涂着醒目的红色。王安坚告诉看不出名堂的参观者：这是电报间使用的钟，世界大同，在粗红线条时刻里，一律不准发报，以便倾听海面上是否有SOS国际求救讯号。经他点拨，钟的收藏总显得丰富有趣。

收藏钟表，积累资料；根据资料，作用收藏。王安坚的藏品中，有很多价值昂贵的珍品，虽不轻易示人，但偶有内行同道前来欣赏时，拿出一件，往往引起一片惊讶和赞美。王安坚认为：收藏而不研究，不会成家，更何况一些珍品会从你眼皮底下溜走，那才遗憾呢。

为了掌握更多的第一手资料，五十多岁的王安坚时常顶风冒雪，含辛茹苦地奔走。最近，王安坚根据自己查找的资料，提出了上海钟表店最早由国人张恒隆开设的看法。这使上海钟表手工作坊历史整整提前了14年，从而使原先所说"法国人霍普1865年开设亨达利、中国人孙廷源1876年开创美华利"，显得苍白。

鉴于王安坚的收藏学问，前不久，巴黎大学文学博士，原震旦大学史学教授、上海文史馆馆员陈钟浩先生亲自登门造访，与王安坚商榷，探讨有关问题。南京博物院副院长宋伯胤还请王安坚赴南京帮助鉴别、修理一批古钟表。1986年，中国博物馆学会破格批准王安坚入会，使他成了当时国内唯一的非专业会员。环顾王安坚家庭钟表博物馆四壁，你会发现，许多社会知名人士也对他寄予了厚望。周谷城题赠了"钟表之家"，刘海粟题赠了"文艺掇英"，赵冷月题赠了"乐在其'钟'"，百岁老人苏局仙题赠了"钟情"。最有趣的莫过于钱君匋题赠的"钟表王"，它将姓氏和藏王巧妙地糅为一体，着实令人玩味不尽。

1988年7月29日 《联合时报》程刚

钟表收藏家王安坚

1987 年 1 月下旬。上海闸北永兴路。一幢普通新村工房的六楼一间房子里，摄像机的镜头在缓缓转动：玻璃橱里，八仙桌上，茶几柜头，直至四壁都是钟、钟、钟。它们千奇百怪，造型迥异。数过无数分秒，跨越久远历史的钟，正奏出悠扬悦耳的音乐，敲启未来的门窗。

钟表的主人，头发花白年约半百的王安坚，面窗而坐，鼻梁上架着一副眼镜，手拿一把螺丝刀，正细心修理一只新觅来的旧钟。缘壁而上，周谷城教授的题词"钟表之家"，醒目地为这一切点了题。

日本富士电视台在这里拍摄电视片。摄像机录下了王安坚和他收藏的钟表，录下了他半生收藏经历。

王安坚收藏了哪些富有价值颇具特色的钟表呢？

北京故宫博物馆钟表馆。国家办的钟表馆，收藏着清朝皇宫的钟表，大多是外国的达官显贵馈赠或贡奉之品，约有数百种。王安坚的家庭钟表馆，荟集着他几十年自费收购的钟表，约 100 多只，大多来自民间。两者尽管在数量上相距较大，藏品却各有特色。如果我们再仔细探究一下，可以发现：故宫博物馆钟表馆里的藏品，基本是以娱乐摆设为目的的高级钟表；而王安坚的藏物，大多侧重于实际生活需要的各类钟表。这也是"皇家"与"老百姓"的不同吧。除此而外，这个民间钟表馆，是目前上海地区能够收集到的民间钟表的精品荟萃，闻名沪上。

请看：

靠墙的那座法国落地报刻钟，每隔一刻钟，便发出悠扬悦耳的钟声。王安坚看中它的特点是：高达 2.5 米，已有一百多年历史。在上海现有的落地钟里，数它最高最大，"生命"最悠久，堪称"上海之最"。

床头柜上，那只德国造的小钟，玲珑小巧，直径不足一寸，可以让人一把攥在手心里。它可以在上海古老钟表的造型"比小赛"中一举夺魁。

走时最长的要数名谓"四百天"的德国座钟。这只扭转摆式玻璃罩钟上足发条后，能够一口气走上一年零一个多月，适宜于老年人使用。与现在一年换一节电池的电子石英钟相比，它在走动的时间方面还是处于领先地位哩。能说它不"先进"吗？

初看这只表，不觉有什么奇特之处，仔细观察一下，原来表的秒针转动速度较一般的快，而且要快一倍。一秒钟转两圈。这只表创造的秒针转动速度，在所有钟表中，也属少见的。

那只外壳图案美丽，色彩鲜艳的瑞士珐琅表，你不要以为它仅仅以"外表美"吸引人，其实它的内在"心灵美"更受老王的青睐。看，明明是怀表，可是表中有钟，同步走动；且有钟摆，无论竖着、斜着、躺着，它照摆不误。并且发出舞曲一样的"蓬嚓嚓、蓬嚓嚓"的声音。这又堪称一绝。

再看"透明表"。人们可以透过表面，清清楚楚地看到里面的心脏在搏动——机芯、发条与齿轮在牵动旋转。

现代闹钟的祖先也在这里露面。那是德国 18 世纪末造的皮统钟，钟内装有三根发条，能敲、能闹、能报时。

把钟表与其他作用结合起来的要数寿命最长的广告钟——英国"老刀牌"香烟广告钟。就整个造型来看，表面嵌在上半部，下半部画着英国"老刀牌"香烟广告。浅蓝色的海面，漂着一只海盗船。红脸紫须的海盗，一手叉腰，一手握着一柄月牙形长刀，倒撑在甲板上……它为当年大英帝国推销烟草，立下过功劳。也使不识英

国"老刀牌"香烟的后生小辈开了眼界。

双马战车钟。驭手挥鞭驾马，双马腾起前蹄，拉着战车，向前飞跑。仔细一瞧，战车的车轮，就是小钟。而它的整体，雕刻细致，造型逼真，镏金闪光，精美绝伦。这是一件问世于19世纪法国的创造物，也是钟表与造型艺术结合的工艺精品。

挂在墙上的"猫头鹰"叫了。原来它怀抱的钟表，指针已到12点，告诉主人时已正午。木质外壳的猫头鹰挂钟，走动时两眼一眨一眨。一旦报时，自动张嘴鸣叫。这是日本20世纪初期的产品。它以用材节省，造价低廉，在当时钟表市场上取胜。

一个身着上一世纪美国军服的军人，倚钟引笛，乐曲悠悠。那是19世纪问世的美国吹笛座钟，装潢富丽，雕塑精美。

当然，这里也有中国生产的钟表，足以令人觉得骄傲和自豪。

日晷——我国四百年前的计时器。故宫里的日晷，搁在石座上，宫人用它每天观天计时，仅仅比它大一些罢了。美籍华人、考古学家沙米李先生在《中国日报》上看到有关王安坚收藏钟表的消息后，专程赶到上海参观，并将自己保存的日晷赠送给王安坚，为他的家庭钟表馆增添了光彩。

我国清代南京制的插屏钟——南京钟，在这里具有独特地位。这种钟，在1915年巴拿马国际博览会上获得特别奖，在目前，已是各国钟表收藏家眼中稀世珍品了。它的外形像一件精制的雕塑屏风，钟身嵌在其中，显得十分雅致。钟面镀金，镌刻着传统花纹，具有鲜明的民族风格，至今还走时很准，钟声悦耳。这是我国清代工匠们手工制作品，说明在18世纪，我国时钟制造工艺已达到相当高的水平了。

此外，这里有王安坚搜集的船用钟、汽车钟、飞机钟，荟萃了"海陆空"交通运输计时器。

四只不受摆动影响的航海钟，是他从海运局一个单位那里搜集来的。其中一只是电报间使用的钟。钟面上涂着两条红色的粗线段。他告诉参观者：全世界航海界规定,在粗红线条涉及的时间范围内,不准发报,以便大家倾听海面上是否有 SOS 紧急求救讯号。特殊的钟表,涉及常人不晓的知识。

巡礼了这一百多种钟表藏品,你能说,王安坚的家,不是一座富有特色的钟表馆吗?这里的藏品不足以被称之为"钟表之最"吗?

他,一个普普通通的工人干部,是怎么走上收藏钟表的道路的?这 100 多种钟表珍品,他又是怎么搜集到的?

两鬓染霜的王安坚,今年已 56 岁了。他出生于苏北农村,原在轮船码头当理货员。解放后,被调到长途汽车运输公司工作。早年,他喜欢画画,但因环境条件的窘迫,没有学成。偶然的机会,使他迷上了古钟表的收藏。

20 世纪 50 年代初,王安坚在汽车运输公司担任安全员工作。公司门口有个修钟表的师傅,要在他们单位搭伙吃饭。这样来来往往,王安坚和他搞熟了,跟他学会了修理钟表的技术。钻研修理钟表技术,需要经常拆修玩弄各类不同结构的古旧钟表。这样便促使他逐步迷恋上搜集古旧钟表了。

搜集古旧钟表,既花钱又费时。那时,王安坚月工资 70 多元,负担一个家庭四个孩子的生活,哪有富余的钱供他花费?王安坚节衣缩食,烟酒不沾,挤出钱来购买钟表。上海的旧货店里,那时常有旧钟表上柜。一有空余,他便到旧货商店旧货地摊去转。十里洋场,外国古旧钟表不少。在客观上为他的搜集创造了有利条件。"功夫不负有心人"。三十多年来,几经淘汰选择,他终于荟集了具有收藏价值的许多古旧钟表精品。

有得也有失。这几十年来,他失去很多娱乐时间,很少去戏院影院,甚至不会下象棋打扑克。也耗费了他不少钱财,至今,王安坚的家中,没有彩电、冰箱、洗衣机等流行家用电器。尽管如此,他和他的家人,都是乐在其"钟"。听一听下面的故事,便可理解了。

一天,王安坚在旧货摊上发现了一只表针旁有两只小狗图案的座钟。他拭去破旧外壳上的灰尘,但见两只小狗栩栩如生,造型典雅,便爱不释手地左瞧右看起

王安坚夫妇与子女们在一起

来。本来，这零件缺损不能使用的破钟，值不了几个钱，但是商人是精明的，摊主发现他喜爱专注的神情，立即涨价达 30 元。老实巴交的王安坚为了收藏，忍痛付款，花去了全家一个月生活费的一半。回到家里，他苦熬了几个晚上，精心修整，终于使双狗钟运转自如，恢复活力了。查阅资料以后，他才知道这种钟是名贵的日本的"双狗钟"。喜悦之情，可以想见。

再说那只靠壁的法国落地报刻钟。它是王安坚从别人刀斧之下"抢救"出来的。一天，他在朋友家作客，闲谈之中扯到一件事：有个人要把一只法国落地座钟改做床头柜。原来那座钟的主人是解放前法国领事馆的厨师，上海解放时，法国领事馆被撤销。法国人觉得将座钟运回欧洲，千里迢迢，实在不合算，便折合为工资，给了掌勺的中国厨师。厨师使用几年后，老钟"生病"了。他到钟表店央请师傅"出诊"，上门修理过几次。考虑到钟的结构特殊，经常修理，实在麻烦，主人决定利用它的木质外壳改做床头柜，也算修旧利废。王安坚听后顿时急了，根据朋友提供的信息找到座钟的主人。"你要做床头柜，那我用两只新床头柜与你换，如何？"那人似觉奇货可居，又摇头了。最后，王安坚加价，以 120 元价格买下了这只座钟。不久，老王妙手回春，"重病沉疴"、沉睡多年的大钟复活了，重新履行报刻钟的职责。于是，王安坚的房间里每隔一刻钟，便响起它悠扬洪亮、气度恢宏的钟声。一小时之内，它四次敲钟报刻。一刻钟，它响四下，以后轮番加四。

钟表，是贵重物品。对于一个普通工人来说，收藏钟表，需要付出昂贵代价，有时甚至不胜负担。

还是 20 世纪 60 年代初期的一天。王安坚在一家旧货商店发现一只雕花的瑞士打簧表，顿时眼睛一亮。可是一瞧价格很高，他的心又沉了下去。回到家里，他寝食不安，妻子以为他病了，嘘寒问暖。他才掏出心思。夫妻俩合计半天，决定将结婚时妻子添置的一件大衣卖掉，凑足钱款，将那只瑞士表买了下来。当王安坚捧回那只破旧的瑞士表时，夫妻俩高兴之中隐隐透出丝丝辛酸的苦味。是呀，在世人眼中，他是傻子。为了钟表，他和全家熬着清贫岁月。但他傻到底了。

"文化大革命"来了。"铁扫帚"要扫除一切垃圾。王安坚只好赶紧将心爱的钟表坚壁清野，自己像做地下工作似的整日躲躲藏藏，但愿"造反派"们将他从世上忘掉。幸亏他一家没什么历史问题，总算混了过来。"否则，一抄家，真没法想象。"王安坚常常后怕地这样说。在那疯狂的年月里，他为自己的这些宝贝钟表担了多少心呀！

　　王安坚搜集钟表，也修理钟表。三十多年来，他义务为群众修理了成千上万只表。消耗的时间精力，难以计算。有人说，他赔钱费事，图的什么？确实，当他看着一只只废旧钟表在自己手中恢复活力，谛听满室钟表"滴滴嗒嗒"的前进曲，他的心沉醉了，沉醉在一曲优美的时间之歌里。他，图的是爱好；他，乐在其"钟"呀！

　　有人来找王安坚，愿意高价收购他的藏品。王安坚和他的家人对此嗤之以鼻。他说："我从不和商人打交道。我收藏钟表绝不是为了卖钱，而是替国家收集、保存这些文物。"他知道，自己从事的是一项有益于国家、有益于民族、有益于人民和历史的重要事业。

　　也有人愿意租用他的全部藏品，到全国各地巡回展出，所得盈利，与他拆账分成，也被他婉言谢绝。然而几乎就在同时,1981年秋天，王安坚自己第一次向社会公开展出他收藏的古旧钟表，当然是无偿的！这在当时引起了轰动。古旧钟表的展览，开阔了人们的眼界，也开阔了他们的认识。以后，有关方面来拍摄电影，进行电视录像。这些钟表，成了全社会共享的精神文明建设的财富之一。自然，各种赞誉也由衷地奉献给钟表的主人。

　　钟表行业则从这里找到了借鉴的他山之石。

　　南通钟厂看中了王安坚收藏的"猫头鹰挂钟"，打算仿造生产。王安坚热情地向他们介绍了钟的结构，让他们拆开,拍照。如今，南钟厂生产的"猫头鹰钟"已远销全国各地。

　　山东烟台钟厂、苏州手表厂、上海钟表研究所等单位都来觅宝取经。无形之中，王安坚以他的藏品为社会作出贡献，甚至产生经济效益，可是他本人分文不取！对于他，收藏，富有乐趣，更是为了研究、创造。

走过漫长的收藏道路，王安坚懂得了应该利用有利条件，了解中国和世界钟表发展情况，深入研究钟表工业发展的历史。所以，他现在不仅注意收藏钟表，而且懂得搜集和整理资料。他要为后人留下钟表工业发展的史料。这，成了他新的追求。

对于已有藏品，他按不同专题，分门别类。或按造型，分为：尖顶哥特式，圆柱罗马式，圆顶拜占庭式等；或按用途，分为：家用、商用，装饰用，交通用等；从而为它们建立档案，以备查考研究或著书立说之用。由于重视资料积累，致力研究，目前，王安坚在鉴赏古旧钟表方面，已具备较为广博的知识和较高的能力。请看他对我国清代珍品"南京钟"结构的一段分析。

"南京钟"设计巧妙，结构独特，不靠生搬硬套。为了保证"南京钟"走时能长达15天左右，设计者采用既长又阔的发条作原动力。但一般钟如果发条过于长阔，就会产生先快后慢的弊病，而"南京钟"则不受影响。因其机内设计有链条式发条恒转矩装置（锁引装置），也就是俗称链条塔形轮装置。这样能使发条放松的能力始终保持均匀，也就保证了走时的稳定性和准确性。(《清代珍品——"南京钟"》，载《科学浪花》1985.5）

读了这段精湛中肯的分析，谁能怀疑他不是钟表行家呢？

中国的计时器，从滴漏到日晷，直至近代钟表，经历了漫长的历史。从张衡开始，我国的计时器发明，比西方约早一千年。王安坚希望能为《中国钟表发展史》一书早日问世，尽绵薄之力。翻阅他那用钢笔毛笔抄写的资料，便能看到他那颗热爱祖国、热爱传统钟表工艺的拳拳之心。

1988 年 3 月《收藏历史的人》裴高　吴少华编著

家庭钟表博物馆

王安坚在九钟楼阅读钟表资料

5月的一天，本市永兴路上一户普通工人的家里，挤满了中外来宾，日本富士电视台专程来此拍摄新闻：中国工人王安坚创办了中国第一个"家庭博物馆"。

主人王安坚一说起他收藏的钟表，就滔滔不绝：那"顶天立地"站在屋角的，叫"祖父钟"（法国音乐报时报刻落地钟），它高有2.5米；那挂在玻璃镜框里的小怀表，直径还不到2厘米；这方方正正叠放在桌子上的、古铜色的瑞士那丁牌航海天文钟，是航海天文钟中最有名的一种，我整整找了它 30 年，真是来之不易；那色彩艳丽的瓷壳钟，至今难以仿造。这些古钟的造型也很别致：尖顶形的是哥特式，圆柱形的为罗马式，洋葱头圆顶形的叫拜占庭式，其中还有我国清代手工作坊制造的插屏钟，虽届百高龄，但仍正常运转。真是千姿百态，令人目不暇接。

"你怎么会爱好收藏钟表的？"我们问道。老王笑呵呵地答道："我也是从家里买来的一只旧钟上，产生了淘旧钟的兴趣。"他告诉我们说，为验证一只古钟的"身份"，他曾几次三番地到上海图书馆查阅有关钟表的资料。资料看多了，方知不足，又千方百计地寻觅宝钟，就这样，由钟查资料，再依资料去觅钟。如此往复，30多年来，倒也收到了一、二百只好钟了。

老王指着屋角一个汉白玉器物介绍说，这是我国古代计时器——日晷。这个计时器重 10 千克，是美国考古学家沙米李先生专程从美国带来送给老王的。他很兴奋地说："别小看这玩意儿。它的发展史已有 400 年左右。有人说古计时器只有古埃及、古巴比伦才有。现在已有很多资料足以证明中国夏禹时期就有计时器，应该说钟表史是世界各国人民共同创造的。"他充满信心地告诉我们，他将撰写一部钟表史。

1987 年 7 月 4 日星期六 《文汇报》记者田玲翠

百钟楼——访钟表收藏家王安坚

当我踏上一幢工房六层楼最后一格楼梯时，就听到一阵阵清脆悠扬的钟声不绝于耳，犹如李斯特的钢琴曲《钟》(根据巴格尼尼小提琴曲改编)，令人陶醉。

在一片钟的交响乐中，我走进了钟表收藏家王安坚的陈设古朴的客厅。屋内，墙上挂的，地上放的，台上摆的，全是钟表。"嘀嗒，嘀嗒"钟表的运转声，像潺潺流淌的小溪，在我耳际流过！

钟表之"最"

"这里的钟表真多！"我不禁赞叹起来。各种各样、不同时期、不同国度的钟表：落地报刻钟、悬挂式报刻钟、工艺摆件台钟、雕花怀表；还有歌德式尖顶座钟、拜占庭式圆顶座钟、罗马庭柱式座钟；金质的、珐琅质的、木质的……真是琳琅满目，令人目不暇接。

"你这里的钟表有什么特点吗？"我好奇地问。老王谦逊地笑了笑说："我收藏的钟表不能说是独一无二，但也有几个'最'。"他如数家珍地指着一座落地报刻钟说："这座落地钟是这儿的巨人，有二米五十高，据最近国外寄来的钟表杂志上介绍，国外最高的落地钟也不过二米十高，因此，这座钟可以说是最高的落地钟了。"他又引我看一只小巧玲珑的小挂钟，仅有一寸多高，可算是微型挂钟了。有一只圆型的座钟，上一次发条，可以走四百天，恐怕是走时最长的钟了。还有一只挂表，重达五百克，是表中之王吧。我的目光又停留在一只光采夺目、精妙绝伦的挂表上，这只表是珐琅质的表壳，四周镶满了闪闪发光的珍珠，表背上描绘着许多不同色泽的花朵，真叫人爱不释手。老王说这只表有一百多年历史了，是一只珍贵的挂表。最使人叫绝的是一只猫头鹰挂钟，走时眼睛左顾右盼，尾巴会摇摆，报钟点时会"咕咕"叫唤。此外还有中国最早的清代插屏钟。最稀奇的表里钟（表的下部有摆铊），既是表，又可算钟。

钟表的"故事"

"你收藏这些钟表可真不容易。"我钦佩地说。"是啊！"老王感慨地说。"寻觅和收藏这些钟表花了我大半辈子的时间和精力，每一只钟表都有它的来历，都有一段故事。"他随手指着落地报刻钟，给我讲了一段故事：这座法国的落地大钟是19世纪末的，原先的主人是旧中国时法国驻沪领事馆里一个官员的，以后几番转辗到了一个朋友的手中，后来又传给了他的儿子。这座钟又大又笨重，家中无处可安放，只能搁置在房门背后，几十年下来，内部零件锈坏，弄得面目全非。钟的主人见这座钟既不走，又不能修，放在家中碍手碍脚，便想设法处理掉。他知道这座钟的木质极好，是胡桃木的，就准备锯开来做一只床头柜。王安坚闻知后，心急火燎地赶到钟主人家中，说愿意拿两只新床头柜换取这座落地钟。想不到主人觉得奇货可居，说不出让了。王安坚急得满头大汗，好说歹说，总算以一百二十元钱买下了这座破损不堪的落地钟，抢救了一件珍贵的文物。这时老王又拿起一只旧怀表说，这是一位老干部听说他收藏钟表，就慨然将自己一只经过抗日战争、解放战争、抗美援朝战争的怀表赠给他。

王安坚平时不抽烟、不饮酒，生活简朴，三十多年来为收藏文物钟表呕心沥血，耗尽了全部的积蓄。他现在收藏的各类钟表有一百多种，难怪有人称老王的家

为"百钟楼"。他兴奋地对我说，最近他又收集了大小四十多只钟表，可以说是"丰收"了。在老王的感染下，他的妻子和小儿子王剑都是他收藏钟表的好助手。全国人大常委会副委员长周谷城把题了"钟表之家"的条幅送给王安坚，看来是恰如其分的。

1986 年 3 月 15 日《解放日报》周末增刊　郑菁深

上海最古老的钟表店制造的插屏钟

沪上哪家钟表店牌子最老？许多人以为是南京路的亨达利，它系法国人霍普兄弟创办于 1865 年 (原址在洋泾浜——今延安路江西路口)，还有一家宁波人孙廷源于 1876 年创办的美华利钟表店，在河南路上。然而据已故钟表收藏家王安坚先生考证和访查，上海还有一家更早的张恒隆钟表店，简称"张培记"。

带着王安坚先生遗留的访查资料，笔者于 1992 年夏天又去张恒隆原址寻访了一次。据该店第五代传人张星宝老伯介绍，张培记始创于清代咸丰二年 (1852 年)，比亨达利早十三年，位于当时的抛球场后马路 (今天津路 135 号)。张家祖籍徽州休宁，先人在清朝做过外贸官员，所以对洋钟表有研究。而徽州历史上也出现过不少计时器名家，如元代詹希元发明过"五轮沙漏"，后世还有歙县汪大黉、宇城芮伊等自鸣钟专家。张星宝祖父张永泉、曾祖张培卿、高祖张荣贵都是造钟名家，招牌上的"培记"可能与张培卿的名字有关。

张培记是前店后工场，造、售、修钟三者兼营。它虽属手工作坊，却很早就用上了铣齿轮、车轴头的手摇机床，因此产品质量甚高。当年的工作台和部分工具、零件犹保存在天津路原址，但铺面已改作他用。"张恒隆培记钟表店"招牌在"文革"中被砸碎，保留下的半块残片仍幸存。张星宝的父亲张子庭也是同行中高手。

我问此处是否还有张培记制作的钟表实物，张老伯说："岁月流逝，祖上的东西传到我这辈，也没有了。"在我追根究底的询问下，张老伯想起其儿子处还保存

有一座插屏钟。听此消息我大为兴奋，想一睹为快。张老伯见我看钟心切，约我次日在徐汇区其儿子家碰头，使我总算欣赏到张培记的实物。

插屏钟是张培记的特色产品之一。这只钟以红木做壳架，面子饰以铜花版，工艺价值很高。铜版包金是张家女眷们的专利活，铜花纹版先要用乌梅水浸泡，除去表面污垢，然后贴以真金箔，用棉花球揿服贴，再放在炭火上烘烤，让金箔与铜版熔为一体，最后用玛瑙石研光。由于做工考究，插屏钟摆上百年仍金碧辉煌。这种包金工艺现在已濒失传。张培记的插屏钟主要销往北方，以天津最多。抗日战争中，日寇大肆搜刮金属制造军火，插屏钟终于停产。

我指着铜花版上"张天亿堂"字样向张老伯请教，张老伯说："张天亿堂是祖上祠堂号，仅镌刻在自家使用的钟上，一般销售的钟均不刻。张恒隆铭牌都镌刻在机芯的夹板上，此钟是1932年我叔叔结婚时定制的，我当时只有3岁。"

上述历史说明中国人在上海开的钟表店比洋人要早十三年，也填补了上海手工业发展史的一角。而插屏钟则成为收藏家企求的古董之物。

1997年9月3日 《上海经济报》 王凯

"南京钟"面上的"五福捧寿"

　　"南京钟"（清朝手工作坊制作的一种钟）现在日渐稀少，已成为国际上收藏家企求的古董之物。南京钟之所以能成为古董宝物，有几个原因：其一是设计巧妙，结构独特。其二是造形古朴典雅，有我国传统特色，外壳和底座都是用老红木雕刻而成。黑字白底的瓷面外围配上金碧辉煌的铜饰版，版面上镌刻的花纹有"八仙庆寿""双狮盘球""五福捧寿"等吉祥如意图案，以"五福捧寿"居多。在钟面上方刻有五只飞翔的蝙蝠纹样，中间是一个古体美术字的"寿"字。下方刻牡丹花纹。

　　为什么其貌不扬的蝙蝠能得到人们如此厚爱呢？因为其"蝠"音同"福"双谐，我国古典图案对形象描绘讲究寓意吉祥，重视谐音，使蝙蝠的形象在传统图案中得到美化，被采用装饰于钟面。"五福"在《辞海》条目注解为"一曰寿，二曰富，三曰康宁，四曰攸好德，五曰考终命"。攸好德，谓所好者德；考终命，谓善终不横夭。

　　在福的寓意里面其实已经包含了富和寿，五福的核心是长寿。

　　1894 年，清代发行的第一套纪念邮票《慈禧六十寿辰纪念》邮票，其中一分银邮票图案也采用"五福捧寿"，上有牡丹，下有灵芝，全图寓意"富贵寿考"。九分银邮票图案为"双龙戏珠"，而这个大珠，也是由"五蝠捧寿"组成的吉祥图案。

　　蝙蝠纹样本身的形象就已经包含福富相连及福寿双全的双重意义。再从"五福捧寿"中"五"来看，五处于一至九的中间，有平稳居中的舒服感觉。我国自古喜用"五"字，汉语的语汇中，"五"字当头的举不胜举，丰收，喜庆、吉祥多和"五"有

关，如"五世其昌""五谷丰登""五光十色""五彩缤纷"……旧时计时制称"五更"，一夜分为五更，也叫五鼓、五夜。

在实用艺术的领域内，蝙蝠纹样的巧妙构成形式是我国民间匠师们劳动智慧的创造成果。

当今拥有一架南京钟，不但是实用的计时器，又是一件给人以享受的精美工艺品，又被看作吉祥物。这么好的东西难怪要被人们钟爱和追求。

1995 年 12 月 《中国民间收藏集锦》王凯

"钟情"绵绵无尽期

　　几年前，所有踏访王安坚钟表博物馆的人都会发现这么一个怪现象：这位钟表收藏家的卧室里、玻璃柜中、八仙桌上、茶几案头及挂满四壁的千奇百怪的时钟，走时却从不一致。是走时不准？是指示世界各个区的时间？都不是。原来，那十几平方米的斗室受不了一百多座钟同时敲响的音波，不得已，主人才有意将它们分而治之。

　　用"情有独钟""乐在其'钟'"的谐音去形容王安坚对收藏事业的钟情，一点也不过分。这位被钱君匋先生称为"钟表王"的收藏家，其藏品和人品都在收藏界留下了口碑。他用几十年的心血，换来了钟表艺术的荟萃一堂和对钟表工艺的研究成果。

　　最大的，是那座 2.5 米高的法国 19 世纪的落地钟。原先的主人嫌它又笨又重，久已失修，打算用胡桃木的外壳做一只床头柜。王安坚闻讯急急赶去，咬牙花了 120 元买下了这座破损不堪的巨钟。经他巧手修复，这钟又重新开始了时间之旅。最小的，是仅有一寸多高的德国挂钟。这只"迷你"小钟，攥在手心里犹绰绰有余。走时最长的，是那座圆形的德国座钟，上一次发条可走 400 天。比现代的电子石英钟用一节电池走时还更长呢。最重的表，是这一只重达 500 克的挂表。而最昂贵的，是那只珐琅质表壳的挂表，单是它周身镶满的 150 颗珍珠，就已身价不菲。

　　瞧瞧王安坚的几件珍奇玩意吧。那座 19 世纪的美国吹笛座钟，有一身着戎装的军人倚钟吹笛，造型别致。这座"双马战车钟"是德国 19 世纪的产品。但见双马

拉车，八蹄裹尘。车轮里镶嵌着钟，而车辐则是转动的指针。还有那座德国的"皮统世钟"，是最原始的驿马交通用钟。钟内有 3 根发条，各司敲、闹和报时之职。据王安坚介绍，它还是现代闹钟的祖先呢。还有哥特式的尖顶座钟、拜占庭柱式的座钟等，不一而足。

生前在上海长途汽车运输公司工作的王安坚，50 年代时因喜欢美术书法，而"爱屋及乌"，爱上了富有造型美的钟表。加上他心灵手巧，闲来也常拆修摆弄些旧钟表，就此与钟表结下缘分。20 世纪 60 年代初，王安坚在旧货店发现一只雕花的瑞士打簧表。然而那表价格太高，倾其所有存款尚不够。咋办？"错过了这机会，就终身遗憾。"跟妻子商量了好久，决定把结婚时帮妻子买的那件大衣卖掉，捧回了这只沉甸甸的打簧表。过了不久，王安坚又找到了梦寐以求的插屏钟，这一回，他将全家准备过年的存款给抛出去了……

计时工具，世上谁先发明？王安坚自创一说。他认为钟的起源是东西方并行，殊途同归。他的论据是：公元 1360 年的元代，中国人就发明了五轮沙漏，而钟表就是五轮的。与此同时，德国人发明了以重锤为动力的机械钟。时间上的巧合，证明了东西方经济文化的发展共同孕育了钟表的诞生。

南通钟表厂要仿造那只猫头鹰钟，王安坚慷慨地让人拆开、拍照，还介绍此钟的结构；北京故宫博物院来信向他求索资料，他毫无保留地寄去了；南京博物院邀请他去鉴定、修复一批古钟表，他欣然前往。而有人要高价收购他的藏品，他却断然拒绝。他说："我收藏钟表，是为国家收集保存文物。"前几年他作为唯一的非专业人员，被中国博物馆学会批准入会。而他创建于 1984 年的钟表博物馆，也被收入《中国博物馆之最》中。上海王安坚钟表博物馆是我国第一座家庭博物馆。

1996 年 8 月 1 日《人民日报》新华社记者　严卫民

祝愿与钟情

作者哥哥王凯（左一）在王家钟表博物馆接待陈逸飞先生

　　著名钟表收藏家王安坚，1983年办起家庭钟表博物馆。全国人大常委会副委员长周谷城以及画家刘海粟等题词祝贺。其中，钱君匋题字："钟表王"，可谓珠联璧合，妙趣横生。

　　年届六旬的王安坚收藏的百余件钟表凝聚了他毕生的心血。得知他的消息，我前去道喜。置身充满立体视听效果的钟表世界里，王安坚告诉我，他最喜欢的还是些古稀老人相赠的钟表，因为那上面有超出一般收藏意义之上的东西。建馆之初，侨居美国的考古学家沙米李先生，从《中国日报》看到这一信息，置古稀高龄而不顾，毅然启程回国，带来了我国四百余年前的古钟——日晷，赠送给王安坚。西德"FURT IOANGEN"市，有手工制作仿古钟几可乱真之美誉。前年，该市一位钟

表爱好者千里传情，将一架手工制作、彩绘的垂重式原始造型挂钟捎到王安坚的府上。据说，这是 1979 年逝世的西德知名钟表画家 MR STRAUB 的杰作。王安坚很是感激，他将此看成是沟通世界人民友谊的象征。

上海，素有藏界"半壁江山"之称。但王安坚觉得，这和四方知音的鼎力相助分不开。1985 年，北京一位名叫鄂烈的老干部，寄赠一块 30 年代挪威怀表给王安坚。怀表得来于抗战前夕，随后跟着他经历了抗日战争、解放战争和抗美援朝。这块"久经沙场"的怀表，尽管早已停摆，但始终与许多荣誉奖章置于一盒。此外，上海某中学的老教师王谷翔相赠的百年挂表，南通离休干部段国藻寄来的德国造音乐古钟，江苏富安中学校长贲有华送来的珐琅质清代广钟，等等，都洋溢着知音者的深厚情谊。

最近，王安坚欣喜地收下了上海电影局原副局长、离休老人丁正铎相赠的 40 年代法国电池钟。这座钟出奇得精美，玻璃罩内有着闪光的镀金支架，线圈式摆轮，沿着轨道左右摇拽，走势有力。据丁回忆，这座钟原来的主人是我国第一代电影机发明者郑崇兰。郑在病危前交给了丁，并告之丁支架的镀金是他自己所为，要求丁好生保存。可以想象丁正铎是多么地衷爱它，但他毅然献藏王安坚的私人藏馆，同时把他的良好祝愿与钟情，一并相许。

不久前，王安坚接待了来自东瀛的日本东京电视台《啊，上海》摄制组。他乐意将自己的收藏介绍给日本朋友，更希望那些慷慨相助的社会主义高尚风格，为世界人民所理解。

1987 年 8 月 13 日 《爱国报》程刚

钟表收藏家王安坚

7月16日凌晨，王安坚先生因脑溢血抢救无效，永远离开了我们。消息传至北京，我和赴京参加"首届京沪地区民间收藏联展"的收藏家们，都感到震惊和悲伤。

就在7月16日这天，我还在王府井大街买了一张隔天的《新民晚报》，从中读到王安坚先生撰写的文章"我收藏的两只怪表"。就那么巧？他读完自己的文章，我读到了他的"遗作"。

闭上眼睛，脑海中又浮现出王安坚先生侍弄钟表的熟练手势和平静、安祥的神态。他钟爱自己的钟表收藏，为此付出了近30个春秋的心血。那是第一个夏时制实行的前夜，我踏入他的"钟表世界"，王安坚正站在床沿，给墙上挂钟上弦拨点。可以想象，一般家庭举手之劳的活计，王安坚却要忙碌多长时间！我没有打搅他，只在背后静静注视着他和他的钟表，倾听着满屋子"嘀嗒"声和"威斯敏斯特"钟表音乐。好一会，他转过头，抱歉一笑说："瞧这些个钟表，我得服侍一整天。"这话小半是无奈，多半是自豪与欣喜。

王安坚先生是农工民主党成员，又是上海市政协委员。他曾在政协会议上呼吁人们爱护建筑大楼上的各类大钟，指出这不仅是美化城市、保护环境的具体行动，更重要的是保护了珍贵的历史文物。前些年，他身体力行，冒着盛夏酷暑，奔走在海关大楼、邮电大楼、图书馆大楼、韬奋楼之间，调查大钟的性能、结构、运转情况，撰写出了《上海清末钟表史》《上海建筑大楼调查报告》等文章，得到了政协文

史办公室领导的高度评价，被称为前所未有的历史之举。

王安坚曾数次赴南京博物院，帮助检修一批古钟使之起死回生，并如期参加了在香港举办的博览会。王安坚是我国第一个以个人身份加入中国博物馆学会的收藏家。为此，他曾利用个人掌握的重要资料，积极为国家文物事业拾遗补缺。故宫博物院的钟表馆，就数度接受王安坚先生的资料馈赠，弄清了许多宫廷钟表的来龙去脉……

上海收藏界今天的兴盛和繁荣，也包含着王安坚先生的心血。1983 年，当沪上收藏界尚未苏醒的时候，王安坚率先把收藏了几十年的钟表设展于人民公园，向社会展示民间收藏的实力与风采，为世人提供了一种有益的娱乐方式。之后，他与著名全国劳模、烟标收藏家朱大先 (已故) 等人，筹建了全国性收藏组织，使十万收藏爱好者逐步走上了正规的道路。

所以，我想，王安坚先生应当是带着微笑离开我们的。

1990 年 11 月 22 日 《上海商报》程刚

父子两代游"钟海"

作者与哥哥王凯（左一）在一起欣赏父亲的收藏品

　　走进王凯、王剑兄弟的家庭钟表博物馆，钟声嘀嗒、叮咚相应、形态各异的钟表，令人目不暇接。

　　王凯、王剑分别是长途北区客运站和市政工程管理处职工，他们的藏品承之于其父王安坚。王安坚生前供职于上海交运局长途汽车站，初学美术，半途迷恋上钟表，多方觅求，细心修缮，竟也集腋成裘，藏品日丰了。1983年，王安坚率先办起家庭钟表博物馆，无意中冠领神州私家博物馆潮流，《中国旅游报》列其为中国家庭博物馆之最。知名人士纷纷题字相赠："钟表之家"（周谷城）；"钟表王"（钱君匋）；"乐在其'钟'"（赵冷月）。

　　王安坚的藏品侧重于古往今来或古拙雅致，或饶有意趣，或意义非凡的各类

钟表。有些藏品有着不同寻常的经历和故事。一座堪称"上海之最"的法国落地钟，高达二米五，已有百余年历史。报时音质浑厚、余音绕梁，曾为旧中国时法国驻沪领事馆的"镇物"。解放后几经周折，蒙尘于一户平民家中。王安坚偶然获悉即上门索让，正巧主人欲锯开做床边框。王安坚妙手回春，也保存了不少稀有钟。四百年前的一只石质日晷，显示出人类征服自然的伟绩。他倾全部积蓄购置的19世纪"南京本钟"（插屏钟）已属稀世之珍。藏室中罗列的"皮统钟"，瑞士珐琅质怀表，法国19世纪的"双马战车钟"，日本"猫头鹰"挂钟等，令人爱不释手。王安坚节衣缩食，长年浸淫其中，健康受损，积劳成疾，于1990年去世。

王凯、王剑两兄弟现在子承父业，工作之余，一方面精心保养藏品；另一方面又不断购入古旧钟表。藏品更趋完满，闲暇之时又刻苦钻研藏品，写出了一系列见解独到的赏析文章及论文，刊登在国内的杂志上，国内不少知名人士如陈逸飞、毛阿敏等都陆续光顾过他们的家庭钟表博物馆，一些港台地区及海外的收藏家也在参观之后留下了许许多多的赞语。

1994 年 8 月 27 日 《劳动报》 智琦 国墉

隐居在民宅里的钟表馆

说起博物馆，大家都会联想起宽敞的展厅、一排排的陈列柜。可是在上海的街头巷尾，在那些同你家一样貌不惊人的普通民宅里，很可能隐藏着一个真正的小型博物馆，里面收藏的展品令周游列国的"老外"也不禁叫绝，这种家庭博物馆都是由一些节衣缩食几十年的痴迷收藏家苦心罗列而成的。

闸北区老北站后面的一栋六楼工房里，就有这么一个国内外赫赫有名的钟表博物馆，它的主人是已故的退休职员王安坚先生。

走进钟表博物馆，更明显的直觉是到了一户普通的沪上人家。然而一片"喊里咔嚓"的钟摆声提醒你：这户人家不寻常！如果你进门时赶上整点钟，就有幸欣赏到一曲"报时大合唱"。既能听到类似伦敦大本钟奏出的著名旋律，也有"布谷、布谷"的杜鹃啼叫，还有一阵阵把乱闯怡红院的刘姥姥吓得翻白眼的咣咣声，以及银铃、响簧、八音盒等各种好听的声音，其中不少钟表已经有百年以上的历史。

在钟表博物馆里，你可以看到几百年前的太阳钟——日晷的石质晷盘，18世纪工匠精制的南京钟，镶嵌着珠宝的瑞士打簧表，墨水笔迹虽已褪色，但仍能读出鹿特丹海军天文台校准签字的荷兰航海钟……面对那几百具各国各代、各式各样的计时工具，你会在这间仍放着卧床的普通居室里陷入沉思，或默默欣赏钟表的艺术造型，或追思那消逝在钟面上的绵绵时光，或者暗自忖量：一个收入有限的职员，靠什么撑起这么大一份"家当"？两件说来寻常而实际却困难的小事或许能解开参

观者的疑团：王安坚曾经把准备全家过年的开销买了钟；另一次是卖掉了妻子结婚时穿的大衣，买回了瑞士打簧表。试问现在热衷于投资的股民们，有几个肯做这种傻事的？

　　王安坚先生在 1990 年不幸逝世。如今他的儿子王凯和王剑又接过了使钟表博物馆继续运转的担子。当年王安坚买回一台高达 2.5 米的德国造"鹰立球"名牌落地报刻钟，它在钟谱上有"祖父钟"之"辈份"。不久前，王先生的儿子们居然也觅得一台 2.1 米高的"祖母钟"，与"祖父"面对而立，使"钟表王国"增添新彩。可惜"祖母钟"年久失修，小王们准备抽空将"她"整治好，重新奏响威士敏斯特报时曲。

1994 年 9 月 24 日 《上海科技报》 一工

情有独"钟"

用"情有独'钟'""乐在其'钟'"这两句话的谐音来形容农工党党员王安坚先生对收藏事业的钟情，很有意味。这位被钱君匋先生称为"钟表王"的收藏家，其藏品和人品都在收藏界留下了口碑。他用几十年的时间换来了钟表艺术的荟萃一堂和对钟表工艺的研究成果。30多年来，王安坚先生收藏了300多只钟表，其中有我国清代的古钟，也有英国、法国、德国、日本、瑞士等国生产的钟表。

笔者访问王安坚先生钟表博物馆时，发现这样一个怪现象：这位钟表收藏家的卧室里、玻璃柜中、八仙桌上、茶几案头及挂满四壁的千奇百怪的时钟，走时却从来不一致。是走时不准？是指示世界各个区的时间？一问都不是，原来那几十平方米的房间受不了一百多座钟同时敲响的音波。不得已，主人才有意将它们分而治之。

从王安坚先生的钟表收藏来看，分为两大类，其一是明清手工作坊制作的古钟表和计时器，如日晷、沙漏、插屏钟等。其二是汽车钟、火车钟、飞机钟、轮船钟等。

就拿笔者眼见的几件至宝珍奇来说吧。那座19世纪的美国吹笛座钟，有一身着戎装的军人倚钟吹笛，造型别致。而放在玻璃柜中的，据说是现代闹钟祖先德国产的"皮统钟"，是最原始的驿马交通用钟。钟内有3根发条，各司敲、闹和报时之职。另一座德国19世纪的"双马钟"，只见双马拉车，八蹄裹尘，车轮里镶嵌着

钟，而车辐则是转动的指针。还有哥德式的尖顶座钟和拜占庭柱式的座钟等，让人赞叹不已。

藏品中最大的是那座2.5米高的法国19世纪的落地钟。原来主人嫌它又笨又重，久已失修，打算用它那胡桃木的外壳做一只床头柜。王安坚先生闻讯后急急赶去，咬牙买下了这座破损不堪的巨钟。经过他巧手修复，这钟又开始了时间之旅。最小的是仅有一寸多高的德国钟。这只"迷你"小钟，攥在手中绰绰有余。走时最长的是那座圆形的德国的座钟，上一次发条可以走400天，比现在用的电子石英钟用一节电池还要走得长呢。最重的表是一只重达500克的挂表。而最昂贵的是只珐琅质表壳的挂表，单是从周身所镶满的150颗珍珠，就已经身价不菲了。最令人叫绝的是一只日制的猫头鹰挂钟，走时会左顾右盼，尾巴会摇摆，到了整点时，那"咕咕"的叫声十分悦耳。最奇特的是那只19世纪瑞士产的挂表，是表中有钟，所以又称之为"表里钟"。它在走动时发出的声音是优美动听的华尔兹舞曲。

生前在上海长途汽车运输公司工作的王安坚先生，是在50年代时因喜欢美术"爱屋及乌"而爱上了富有造型美的钟表艺术。加上他心灵手巧，闲时也常拆修摆弄旧钟表，就此与钟表结下了缘份。60年代初，王安坚先生在旧货店发现一只雕花的瑞士打簧表，，然而价格太高，即使拿出家中的全部存款也不够。但他觉得如果错过了这次机会，就要遗憾终生。回家后与家人商量后，决定将妻子结婚时穿的大衣卖掉，捧回了这只沉甸甸的打簧表。过了不久，王安坚先生又找到了梦寐以求的插屏钟，他将全家过年的存款全部给抛了出去。

计时工具，世界上是谁先发明的？王安坚先生自创一说。他认为钟的起源是东西方并行，殊途同归。他的论据是：公元1360年的元代，中国就发明了五轮沙漏，而钟表就是五轮的。与此同时，德国人发明了以重锤为动力的机械钟。时间上的巧合，证明了东西方经济文化的发展共同孕育了钟表的诞生。王安坚先生就是这样，在收集钟表的同时，还将研究古钟表作为乐事。他专门研究了清王朝对钟表之贡献后所撰写的论文，受到了有关专家和史学家好评。特别值得一提的是，他曾亲自去考察上海历史遗留下来的十余座塔楼大钟，写出相关的调研报告，为上海的钟表档案完善作出了贡献。

王安坚先生说"藏品要好，人品要高"，他不但是这样说的，而且是这样去做的。南通钟表厂要仿造那只猫头鹰钟，王安坚先生慷慨地让人拆开，拍照，还专门将自己研究此钟结构后的见解告诉来者。北京故宫博物院来信向他求索资料，他无保留地寄去。南京博物院邀请他去鉴定和修复一批古钟表，他欣然前往。而有人要高价收购他的藏品，他却断然拒绝。他说，我收藏钟表是为国家保存文物，绝对不是以钱为目的。

王安坚先生是上海市第七届政协委员，上海交通局收藏协会的会长，上海职工收藏学会的副会长。前几年他作为唯一的非专业人员被中国博物馆学会批准入会。而他创建于 1983 年的钟表博物馆，也被收入《中国博物馆之最》中。王家博物馆是我国第一座家庭博物馆，至今已经接待五万余人前来寻访欣赏，受到国内外各界人士的关注。

1998 年 7 月 23 日 《人民政协报》 郭建建

钟声呜咽

那次，他拨响了一座座稀奇古怪的钟，千簧齐鸣，我听到的分明是阵阵历史的回响，心被震撼，惊悸而激奋。此刻的钟声不再那样悠扬而宏荡，而是呜咽嘶哑得令人发颤，我无法相信这声音是真的……

那是一个星期六的夜晚，闸北公园的史料陈列馆里坐满了本区的收藏家。我迟到了，不知先向谁打招呼好，一拱手，对严汉祥、戚泉木、胡幼文、吴伟民、王晓君等一些老友打了招呼。钟表收藏家王安坚向我做了个手势，我坐到了他旁边。我们刚说了几句，他突起身去打电话了。他一直在忙，他总是这样有活力，我想。

五年前，他发起成立上海交运系统职工收藏协会，一个奇才汇聚的收藏协会，钟表、算具、蝴蝶、船模、微雕、火花、古钱，国内国际都有广泛影响。会长王安坚聘请我当顾问，我没说一句推托之词，因为即使不能胜任，却理解诸位用以换得满堂欢颜笑语的甘苦。一座座家庭博物馆相继免费向社会开放，五彩缤纷，况味自知。钟表家庭博物馆馆主王安坚接待过数十个国家的参观者，没有收过一分钱；他欢天喜地地将珍稀藏品提供给南通、苏州、上海、山东的钟表厂和研究单位作参考，开发新产品，没有收过一分钱。他收藏了近四十年的钟表，当年他几十元工资扶养四个孩子，在旧货摊上买来一只日本双狗摆钟，就花去一个半月的工资，日子怎么对付得过去？外人谁也不了解。但也有人知道他是典去了妻子结婚时的大衣而买来那只瑞士镂花打簧表的……

那天，他打完电话，我们又谈了一阵子，他说全上海的集藏者已有十万之数，他说准备再筹办一次大型集藏会……不料仅仅过了 9 天，7 月 16 日上午接到王剑的电话，他泣不成声地说他的爸爸早晨六点多因脑溢血去世！

他如此突然地不复存在了，只活了 60 岁。上海少了一位收藏家，一位市政协委员，我总觉得似乎还少了什么……夜深人静，我听着隐隐呜咽的钟声，想到一种精神，一种属于蚂蚁、蚯蚓之类的精神，一种从未探讨生存命题而生存着的精神，却又是一种实在不应任其自生自灭的精神。

1990 年 8 月 10 日《新民晚报》朱卓鹏

悼王安坚

　　王安坚先生于七月十六日凌晨因脑溢血医治无效，与我们不辞而别了。噩耗传来，我无法相信这是真的？！

　　这位上海市政协委员、市职工收藏协会副会长、交运局收藏协会会长、长途公司企管办干部，前段时间还在大街小巷不停地奔波，调查上海街头大钟状况，并对如何修复大钟、美化环境、保护历史文物，提出了具体而又详细的措施，甚至在市政协会议上大声疾呼。前些日子还在局收藏协会成立五周年纪念会上，侃谈纵论如何摆正藏品与人品的关系。他热爱自己的收藏事业，以致于诀别世间的当天，还在《新民晚报》撰文：我收藏的怪钟表。

　　他走了，匆匆地离我们而去，虽未和我们最后诀别，但他那勤勉收藏、勤俭持家、勤奋求知的音容笑貌和为普及群众性业余爱好活动、启迪人们在娱乐中寻找自我的善良愿望，却在我心中留下了难以磨灭的印象。记得，那是1983年，上海收藏界尚未苏醒，王安坚先生毅然搬出几十年心血换来的钟表收藏，设展人民公园，惹得参观者趋之若鹜。最后，他又率先在家办起了"家庭钟表博物馆"，免费接待参观者。于是，多少个春夏秋冬，他刚想闭眼小憩，叩门声将他唤醒；刚要拿起筷子，参观者蓦然眼前。他总是笑呵呵地领人步入"钟表世界"，直到参观者满意而去……和丰厚的藏品相比，这屋里独独不见彩电、冰箱……

　　王安坚先生有许多用大衣、电扇换藏品的故事，听来令人感动。除此，他还和一些沪上知名收藏家一起，为市职工收藏协会的成立，立下汗马功劳。从一个闭门收藏的爱好者发展成收藏联谊的社会活动家和倡导组织者，王安坚先生实现了人生旅途上质的飞跃。

前不久，我和王安坚先生就局收藏协会前景等问题长谈过一次。他一口气提出了制定第二个五年规划、加强收藏学问、推出一批新人等设想。他说："不要小看我们的局藏协，这同样是向社会展示交运职工情操和风貌的窗口，这也是一项事业……"从中，我猛然悟出了一些收藏之外的学问，窥见了他对交运事业的拳拳真挚之心。

也许是印象太深刻，也许是离别太匆匆的缘故，我无论如何难以接受这一事实！写下这篇悼文，谨表悼念。

1990 年 7 月 31 日 《爱好者报》吴明

时针指向凌晨二点

今年上海奇热。梧桐树叶粘在空中一动不动；柏油路炙烤得冒烟气，那向阳的高墙楼宇，抛上发面准能烘成大饼；历史上罕见的十多天三十六度持续高温，把个大上海炙烤得像个晕晕乎乎、懵懵懂懂的火药桶⋯⋯

仿佛就是一个爆炸性的事件：友人告诉我，就在酷暑难当的盛夏凌晨二点，国内仅有的一名非博物馆系统的中国博物馆学会会员、上海市政协委员、上海市职工收藏协会副会长，著名的钟表收藏家暨社会活动家王安坚先生，六旬未到，英年早逝！

这一刻，中国第一家家庭钟表博物馆的三百多只钟表的"心脏"停止了跳动；这一刻，无论是四百多年前的古钟日晷，乾隆年间的彩绘，法国19世纪的超级落地报刻钟，伦敦的"威斯敏斯特"，还是圆顶罗马式钟、金顶哥特式钟、猫头鹰钟、布谷鸟钟，一齐悲恸，齐鸣志哀！

中国收藏界的泰斗之一、平民收藏家的典范王安坚先生，一生历尽波折，从上海交通运输局长途汽车站的一名普通职工，奋斗成为具有国内外影响、兼备收藏、维修、考察、研究多方面功底的钟表权威，委实不易；他身体力行倡导的"藏品要好，人品要高"，已成为收藏界的至理名言。他的儿子，也正在为成为收藏家奋斗的王剑（收藏钢笔）哽咽着对我说："父亲猝然而去，什么话都来不及留下，我们兄弟二人和母亲商量定了，一定要尽全力光大父亲的藏馆，才是对父亲最好的纪念。"

　　王剑还对我说，刊登在今年七月号《文化与生活》杂志上署名卒辕写的"钟表王王安坚"，是父亲生前看到的最后一篇介绍他的文章，他们全家曾为该文的作者是谁而揣摩、猜测过好长时间，最后父亲说肯定是徐荐（曾在今年三月底拍摄过《上海收藏热》的专题片），他从鲁迅的诗句"我以我血荐轩辕"处得到印证，家人对父亲渊博的知识深表钦佩。听到这里，我的眼红了，我只能向他们表示歉意，由于这段时间连续出差，既未能告之刊发的文事，又未能参加先生的葬礼，懊丧之下，仅以此短文，寄托对"钟表王"深切的哀悼之情。

　　　　　　　　　　　　　　1990 年 8 月 19 日　《文化周报》斯伟

钟情

搁下电话，楞住了。我不得不相信这样一个无情的事实，著名的古钟表收藏家王安坚先生，永远地离开了这个人间。

昨夜风雨声，往事知多少。我与老王是收藏界中较早相识的朋友。1981 年，他在人民公园举办第一次展览时，我去看过，但并不认识他。我与他第一次见面是两年后的事，当时我受北京一家报社编辑的委托，采访几位收藏家。我首先想到了他，于是修书一封。很快，他回信约我去谈谈。当我第一次走进他的居室时，一谈就是三个多小时。我问他，那么多钟，又敲又闹又叫又唱，晚上睡得着吗？他笑道："开始睡不着现在不听到，反而睡不着了。"

从那以后，我成了老王家的坐上客。久而久之，我对他那些宝贝钟表也熟悉起来了，什么德国的"四百天钟"，法国的"双战车钟"，日本的"猫头鹰钟"，美国的"吹笛座钟"，英国的"老刀牌香烟"广告钟，我国清代的"南京钟"，以及四百年前的计时器——日晷。但更令我钦佩的是他对古钟表的痴情。为了一只瑞士打簧表，他将结婚时给妻子买的大衣卖掉了。有一年春节，把过年的钱又换成了一只插屏钟。前几年，苏北有位中学教师，得知老王收藏钟表，他将家里的一只破旧的"广钟"专程送到上海。老王收下了"广钟"，以什么答谢人家呢？正巧老王家新买了一只华生牌电风扇，六层楼风大，没电扇也行，于是他就把电风扇送给了那位老师。如今，上海滩上家电非常普及，但他家至今没有彩电、冰箱。我去老王家吊唁时，他单位领导看到室内热不可耐，借来个电风扇，让来宾们降降温。

像老王这样学者型的收藏家并不多。他很早就注意到把收藏与研究结合起来，为此，他用钢笔、毛笔抄录了一本又一本钟表资料；他对上海的"美华利"钟表作坊进行追踪考察；他到上海图书馆一次又一次查阅中外钟表文献；他与国外朋友交往中，也念念不忘搜集资料。老王曾不止一次对我说："我国的计时器要比西方约早一千年，我要为祖国写一部钟表史。"他是这样想的，也是这样去做的。今年以来，他在《新民晚报》上一连发表了好几篇文章，就是他的研究成果。 既使到了生命的最后一天，他还写下了《大自鸣钟何处寻》一文。他去得太突然了，终年只有60岁。但他却留下了一片"钟情"。

1990 年 10 月 20 日 《收藏家报》 吴少华

王家博物馆的
部分钟表赏析

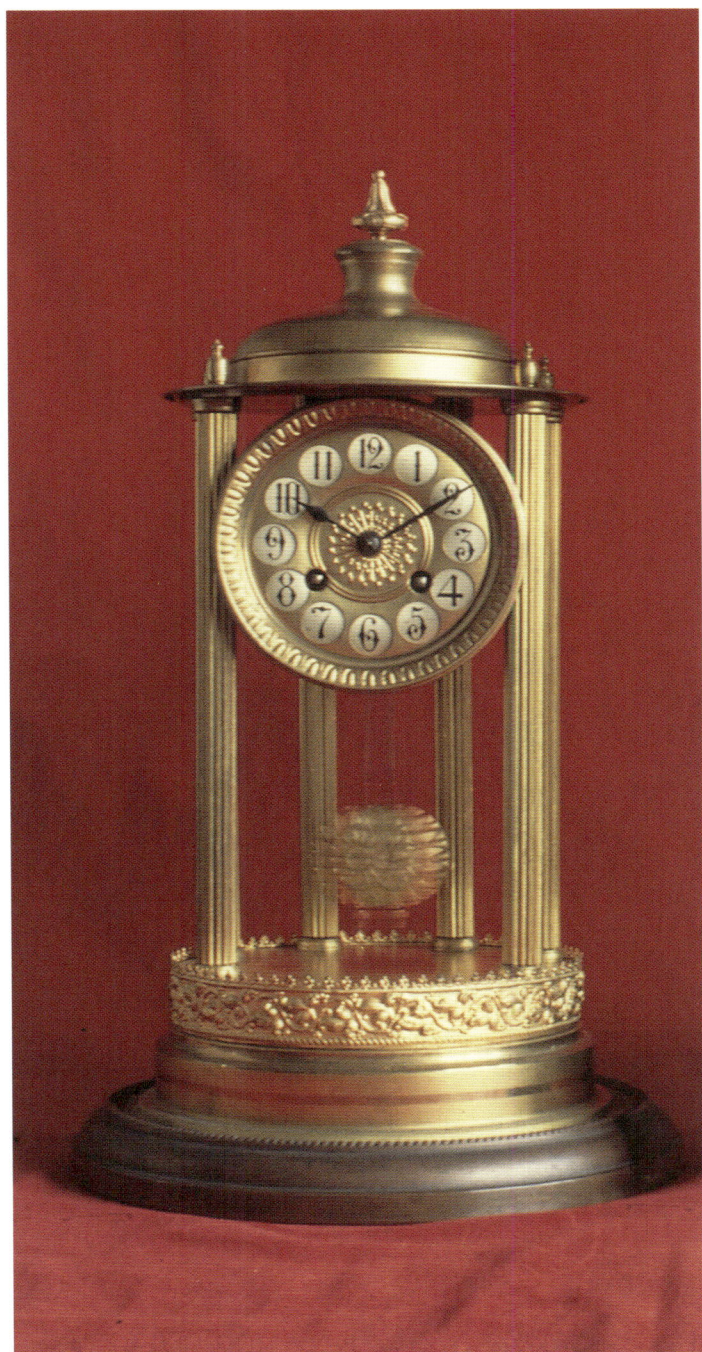

20 世纪 20 年代
法国制亭子钟

20 世纪 30 年代
美国制轿子钟

20 世纪 30 年代
法国制电池摆钟

20 世纪 20
年代法国制
大理石座钟

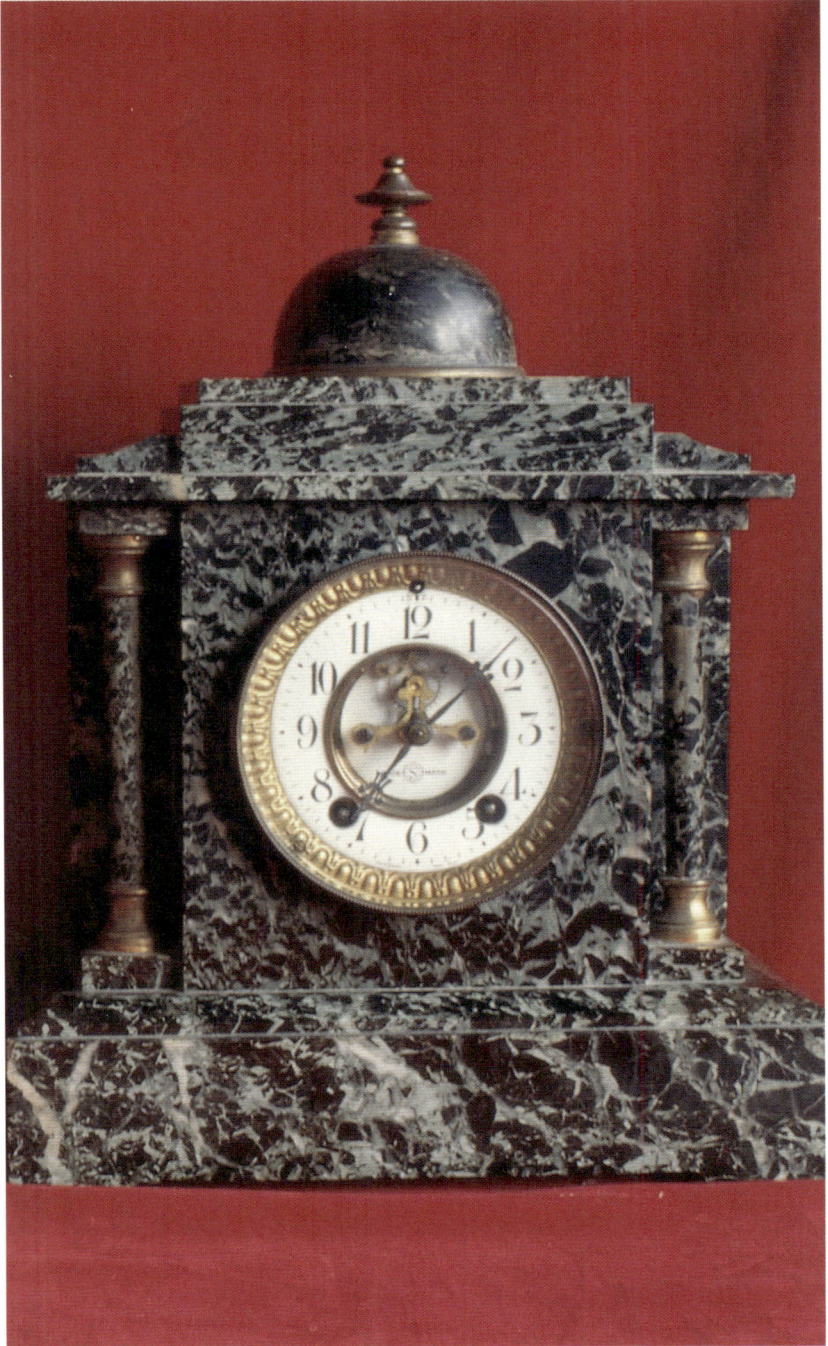

20 世纪 40
年代日本制
大理石座钟

英国、法国、瑞士等国制的早期怀表

早年德国、美国等国制的各式瓷壳座钟

早年英国、瑞士制的各式天文船钟

汉白玉质日晷与木质袖珍日晷及沙漏计时器

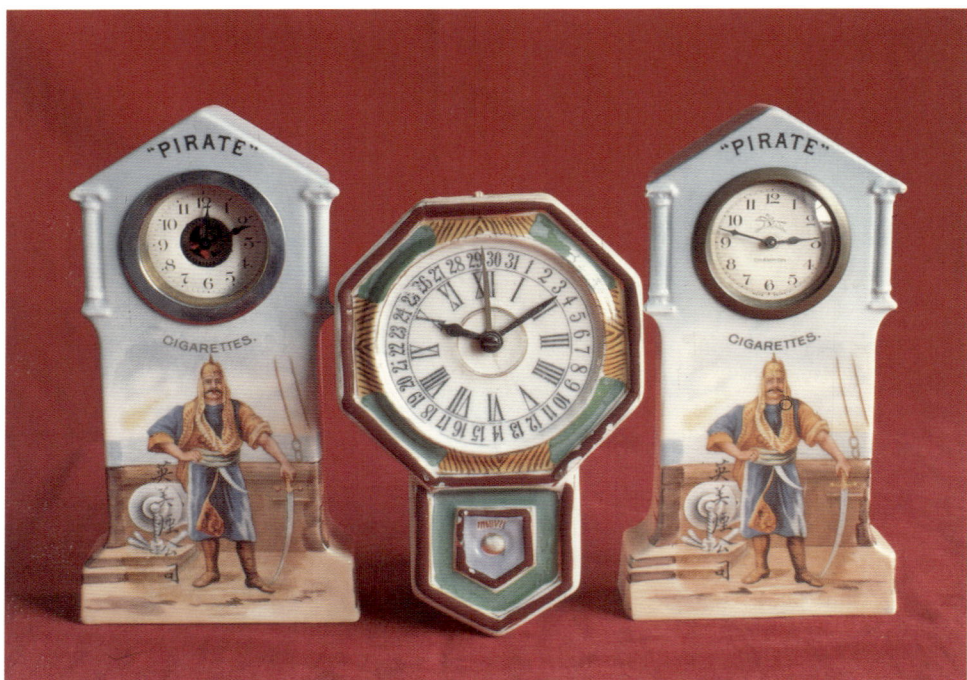

左右为老刀牌香烟广告瓷壳钟，中间为日历广告钟

交通工具计时器——早年汽车钟与飞机表（下排左、右）

213

早年各式古董挂表。下排中间为表里钟，下排左一双跑马挂表，右一为打簧挂表

各式古董挂表。左一为最大挂表，下排中间为方型打簧挂表

西门子牌的插屏钟——南京钟

珐琅彩绘画面广钟——南京钟

早年美国、日本制各式摆件钟

早年各式男女款手表

全珐琅水银补偿摆座钟

早年轿子钟

早年舰艇船钟

瑞士、英国、德国制的各式天文航海船钟

早年德国制三亭木钟

早年美国制三亭木钟

早年瑞士、法国、德国制大、中、小号各式皮统钟

早期电报房专用船钟。上排中间为特大号电报房专用船钟

早年各式古董挂表（上排左一为上足一次发条可走 8 天的半透明挂表，下排中间为珍珠珐琅彩绘挂表）

早年瑞士等国制各式电池天文航海船钟

美华利牌本厂自制南京钟

中号南京钟

早年瑞士制重锤动力摇摆钟

四百天座钟，上足一次发条，可连续走四百天

早年法国制摆件钟

各式交通工具计时器——早年飞机钟、马车钟、汽车钟、船钟、天文航海船钟

插屏钟——珐琅彩绘画广钟

插屏钟——大号美华利牌南京钟

早年瑞士、法国、英国、美国制的各式挂表

后 记

在这柳絮吐绿的阳春三月,我完成了父亲的一个遗愿。

去年,我撰写的《笔缘——古董钢笔收藏赏析》一书出版,没想到获得较大的社会反响。伏案沉思,又使我想起了父亲的遗愿。去年9月上旬在上海文化出版社资深编审、审读室主任吴志刚的鼓动下,我开始尝试去完成父亲的遗愿。上海市收藏协会创始会长吴少华对我说:"太好了,我鼎力支持。"就是在两位贵人的鼓励与帮助中,坚定了我要完成这个遗愿的信心。

经过半年多的紧张准备、阅读资料、走访考察,目前《钟表情缘》的撰写工作终于完成,也算是完成了我的使命,让人如释重负。整个撰写期间吴会长给予我特别多的关爱,从标题修改、章节调整,乃至标点的修正,他前后不辞辛劳地修改了十二稿。他一直提醒我,好的文章是需要不断地修改和打磨,既要抓紧,但又不可太赶时间。他那亲切的教诲常在我耳边回响,对会长的这种鼎力相助,我真的感激不尽。

现在回想起来,撰写《钟表情缘》时查找资料的过程,也是缅怀父亲的过程,从中还发现了当年父亲的一些资料,如台历,父亲习惯用他的派克金笔在台历上记录着他每一天的活动;另有父亲去世前写的手稿,如今成了遗稿;再有父亲开会前的发言提纲,还发现他创作的书画篆刻作品,以及当年我家住在俞家弄九号缴房租的袖珍册页凭证记录、信札等。早年他曾创作的油画虽然原作丢失,但从一张保存的图片中还能隐约看到这幅油画的原貌。

撰写的过程不仅是一种缅怀，更多是重新认识父亲的过程。他对我们子女的关爱教育，对文物的保护，热心推动海派收藏文化事业等，都让我感动。近来一直在思考父亲给我们留下了什么？钟表只是一个载体，更多的是父亲的一种好学上进、孜孜不倦的精神时刻在鼓励着我们。他对文化的守护，对美的追求，对美好生活的向往，是他长年所追求的目标。还有更重要的一点是，这是一位收藏家的使命与担当。

父亲英年早逝后，我作为他的儿子，还没有写过一篇纪念他的文章，有时候想写，但下笔时又写不出一个字来。也许父子关系太熟悉，在他的收藏后期，我基本上做他的跟班，他的收藏经历我几乎都见到过。正因为太熟悉了，让我不知从何下笔，就这样春去秋来，一年又一年。

退休了的我，有更多闲暇时间可以"发呆"，内心始终有着一种冲动，要把父亲未完成的事业加以实现，也算对先父尽一份迟到的敬畏。此外，想趁着年迈的老母亲思路还清晰的时候赶快写，在她有生之年能读到《钟表情缘》一书，也是一种慰藉。书中的不少往事，也是老母亲帮助着我一起回忆的……感谢老母亲。

六十年前父亲曾教我写字，那时写字练字一切记忆犹新，六十年后为纪念父亲写了这本书，并在吴少华创始会长的一再鼓励中，尝试为自己的拙著题写书名，也算是对当年父亲教我写字练字的一次细小的回报。

《钟表情缘》即将出版了，我要感谢刘海粟美术馆原馆长、上海市收藏协会会长张坚先生和上海市收藏协会创始会长、长三角收藏协会联盟前任主席吴少华先生的鼎力相助和真诚指导，并为本书作序；要感谢中国文艺评论家协会副主席、复旦大学教授汪涌豪先生也为本书作序；还要感谢中国文化管理协会文化记录专委会副秘书长、上海文化出版社审读室主任、编审吴志刚先生的热心辅导。最后还要谢谢亲人们对撰写本书给予我的支持和帮助。

由于时间仓促和水平有限，书中会有不足之处，恳请方家帮助指正。

乙巳立夏

图书在版编目（CIP）数据

钟表情缘 / 王剑著. -- 上海：上海文化出版社，

2025. 5. -- ISBN 978-7-5535-3209-7

Ⅰ. I251

中国国家版本馆CIP数据核字第202585AY36号

出 版 人：姜逸青

责任编辑：吴志刚

装帧设计：华　婵

封面题字：王　剑

书　　名：钟表情缘

著　　者：王　剑

出　　版：上海世纪出版集团　上海文化出版社

地　　址：上海市闵行区号景路159弄A座3楼　邮编：201101

发　　行：上海文艺出版社发行中心　　网址：www.ewen.co

　　　　　上海市闵行区号景路159弄A座2楼206室　邮编：201101

印　　刷：浙江经纬印业股份有限公司

开　　本：710×1000　1/16

印　　张：15.25

版　　次：2025年5月第一版　2025年5月第一次印刷

书　　号：ISBN978-7-5535-3209-7/TS.099

定　　价：128.00元

告 读 者：如发现本书有质量问题请与印刷厂质量科联系 T：400—030—0576